新型职业农民培育工程通用教材

农业产业提升综合培训教材

◎ 苏燕生 主编

中国农业科学技术出版社

图书在版编目（CIP）数据

农业产业提升综合培训教材 / 苏燕生主编 .—北京：中国农业科学技术出版社，2017.10

ISBN 978-7-5116-3241-8

Ⅰ.①农…　Ⅱ.①苏…　Ⅲ.①农业产业-产业发展-中国-教材　Ⅳ.①F320.1

中国版本图书馆 CIP 数据核字（2017）第 221004 号

责任编辑　张志花
责任校对　贾海霞

出 版 者　中国农业科学技术出版社
北京市中关村南大街 12 号　邮编：100081
电　　话　(010)82106631(编辑室)　(010)82109702(发行部)
(010)82109709(读者服务部)
传　　真　(010)82106631
网　　址　http://www.castp.cn
经 销 者　各地新华书店
印 刷 者　北京昌联印刷有限公司
开　　本　850mm×1168mm　1/32
印　　张　5.375　　彩插　8 面
字　　数　145 千字
版　　次　2017 年 10 月第 1 版　2017 年 10 月第 1 次印刷
定　　价　26.00 元

《农业产业提升综合培训教材》

编　委　会

主　任：兰建辉

副主任：洪亚通

主　编：苏燕生

编　委：陈少珍　林为民　黄雪芬　蔡志英

方明清　吴顺宗　方溪德　孙慧美

杨欺头　陈国庆

序

随着城镇化和农业现代化的迅速发展，农户兼业化、村庄空心化、人口老龄化趋势日益明显，“关键农时缺人手、现代农业缺人才、农业生产缺人力”问题非常突出。为此，党中央站在推进“四化同步”，深化农村改革，进一步解放和发展农村生产力的全局高度，提出大力培育新型职业农民，是加快和推动我国农村发展，农业增效，农民增收重大战略决策。2012—2016 年，中央连发的 5 个“一号文件”对新型职业农民培育工作做出全面部署。2016 年底《国务院关于激发重点群体活力带动城乡居民增收的实施意见》（国发〔2016〕56 号）再次提到了新型职业农民激励计划，目的就是培养有文化、懂技术、善经营、会管理的新型职业农民，解决“谁来种地，如何种好地”这个既迫在眉睫又事关大局的问题。

几年的实践证明，只有加快培育一大批具有现代农业管理理念和技术的新型职业农民，才能从根本上保证农业后继有人，从而为推动农业稳步发展、实现农民持续增收打下坚实的基础。因此，大力培育新型职业农民具有重要的现实意义，不仅能确保国家粮食安全和重要农产品有效供给，确保中国人的饭碗要牢牢端在自己手里，同时有利于通过发展专业大户、家庭农场、农民合作社组织，努力构建新型农业经营体系，确保农业发展“后继有人”，推进现代农业可持续发展。从某种程度上说，农业的未来，农业现代化、国家的粮食安全，就寄托在新型职业农民身上。

作为基层农业管理部门，我们将立足于整合各渠道的资源，建立政府主导、部门协作、统筹安排、产业带动的培训机制，创新培育模式、提升培育质量，探索形成适应不同产业和不同乡镇发展需要的各种有效教育培训模式，形成教育培训、认定管理、政策扶持“三位”一体的新型职业农民培育制度，充分调动广大农民求知求学的积极性，让一批新型职业农民脱颖而出，成为当地农业发展，农民致富的领头人、主力军。

为此我们组织编写的这本《农业产业提升综合培训教材》，其作者均是活跃在农业生产一线的技术骨干，真心期待书中的产业提升规划和实用技术能得到最大范围的推广和应用，为龙海市新型职业农民素质的提升起到促进作用，推动龙海市现代农业的发展。

2017 年 8 月

前　　言

为贯彻落实国家、省、市加快培育新型职业农民政策和实施意见，龙海市农业局（农办）积极响应《福建省 2016 年新型职业农民培育工作实施方案》的要求，加强规范建设龙海市新型职业农民培训教材。我们结合农业部推荐发布的《新型职业农民培训规范》以及龙海市农业产业发展的实际情况，组织龙海市多名农业专家和技术人员精心编写了《农业产业提升综合培训教材》一书，以期为龙海市的新型职业农民培育，促进新型农业经济实体的发展作出新的贡献。

本教材的编写是以农业部办公厅、财政部办公厅、福建省农业厅、财政厅等相关文件指导意见及通知为依据，目的在于抓好龙海市农业产业转型升级，加快现代农业发展步伐。在此特别感谢龙海市农业局领导及各相关科、站农业专家提供丰富的素材，并为本教材的编写提出了宝贵的意见。

本教材站在较高层次，综合介绍了龙海市农业产业发展方向，对龙海市农业产业提升具有较高的指导意义，本书既可用于新型职业农民培训，也可作为龙海市农业技术人员的参考资料，同时，对临近县市的农业产业发展也可提供借鉴。由于编写素材有限，编写时间仓促，编写经验不足，难免存在一些缺点和不足，衷心希望读者朋友批评和指正。

目　录

第一章　龙海市“168”农业工程规划（2016—2020）

为充分发挥龙海市地域特色的农业资源禀赋与产业优势，创新农业发展的经营模式与体制机制，优化农业产业结构与功能布局，全面保障农产品有效供给和质量安全，全面提升龙海市农业的发展质量和综合效益，紧紧围绕漳州市委、市政府与龙海市委、市政府确定的关于加快推进现代农业发展的各项工作部署，以中央《关于加大改革创新力度加快农业现代化建设的若干意见》《全国农业可持续发展规划（2015—2030）》《关于加快转变农业发展方式的意见》等系列文件精神和“稳粮增收、提质增效、创新驱动”“产出高效、产品安全、资源节约、环境友好”等现代农业发展的总要求为统领，制定本规划。

第一节　“168”农业发展工程的主要内容和背景

一、“168”农业发展工程的主要内容

“168”农业发展工程包含龙海市1个生态农业乡镇与生态农场（附图1），六大现代农业片区（附图2）与八大农业主导产业。其中，1个生态农业乡镇与生态农场指：东泗生态乡与双第生态农场；六大现代农业片区指：东园片高优农业示范区（附图3）、海澄片粮食蔬菜生产基地（附图4）、榜山片蔬菜生产基地（附图5）、紫泥乌礁片粮食蔬菜生产基地（附图6）、紫泥浒茂

片水产养殖基地（附图 7）、九湖片花卉及珍稀菇生产基地（附图 8）；八大农业主导产业为：粮食、蔬菜、食用菌、水果、花卉、畜禽业、水产、林业。

二、“168”农业发展工程的背景

“168”农业发展工程是龙海市农业发展至现今阶段，在市委、市政府的领导和支持下，由市委农办提出的针对农业问题的具有全局性、战略性、前瞻性、方向性、长远性的总体工程。将通过五年时间（2016—2020 年）全面完成。工程围绕龙海市的自然条件、历史传统、区位优势、耕作方式等综合因素，立足于系统分析龙海市农业发展取得的历史经验、现状成效、存在问题和发展要素、功能定位、前景目标，通过政策导向和市场培育，以全面提升龙海市农业发展质量和综合效益、加快推进龙海市经济社会全面繁荣为目标，创新应用现代农业发展理念和规律、借鉴参考先进地区农业发展有益模式与经验而开展的顶层设计。“168”农业发展工程的提出，是农业现代化进程中的大势所趋和历史必然，是龙海市农业产业转型升级的战略选择与历史机遇，更是龙海市农业全面、协调、可持续发展的现实要求和使命召唤。

第二节 “168”农业发展工程的产业集群

一、东泗生态乡

1. 规划范围

东泗乡全乡，重点开发区域为卓港、溪坂、西岭、清泉等四大重点村。

2. 功能定位

优美田园风光的生态旅游热点目的地；海丝文化、闽南水乡旅游中心乡镇；大型农村生态农业综合体；漳州市宜居乡村、富美乡村展示聚集地。

3. 产业基础条件

东泗乡山水资源丰富，山体面积占到全乡面积的60%，主要以低山丘陵为主。山地植被保护较为完整，原始生态优势明显。南溪贯穿其中，溪水丰沛、水质优良，流域岸堤具有优越的旅游开发潜质。历史文化悠久，人文资源丰富，具有始建于南宋中期的碧浦观音佛祖庙、始建于清乾隆年的溪板翠宁楼、红军洞、卓港洋楼海澄工农游击队旧址、妈祖宫、福音堂、红军楼等。

4. 主要建设内容

坚持“以生态保护为核心、向经济发展要效益”的适度规模开发，以建设“优美田园风光的生态旅游乡镇”为发展定位，完美融合“生产、生活、生态”的“三生”资源，加强山林资源、乡俗文化、古村古厝和水岸景观的旅游观光，维护优美的自然环境，加强驳岸绿化整治，打造静怡、舒缓、精致、高品质、慢生活为特色的宜居乡村和富美乡村，通过优美生态和特色文化，加大旅游产品开发，积极融入厦漳泉闽南金三角旅游组团，力争使东泗乡列入漳州旅游主流游线，成为清新福建、生态漳州旅游市场的新亮点。通过生态旅游业开发，带动农业产业转型升级，形成农业观光、乡村旅游、休闲度假等水陆共生的南溪沿岸十里生态景观带。

（1）加强科学布局和旅游产品开发。加强生态旅游线路设计，围绕南溪串联特色主题空间打造生态东泗，以各生态旅游主要景点为轴线，以重点村落为板块，农业产业示范基地穿插布局，形成以“旅游带动产业，产业促进观光”的共融共进式的发展模式与产业态势。

（2）延伸农业产业链。拓展溪坂现有花卉产业链、在花卉主产业基地上，加强可食用型花卉、药用香草植物引进和精油等芳香产品研发和销售，打造体验型花露农场，建设龙海市 DIY 花卉中心和游客花集市。

（3）加强精品休闲农场开发。设置五大精品农业园区。即松岭村荔枝园、溪板村花园、清泉湖观光农业园、西岭村虾园、东泗村稻园。

（4）加强基础设施建设和游客市场营造。全面启动旅游接待中心、汽车旅馆、温泉民宿、森林客栈、从林驿站、健步山道及养生、养老、度假地产开发，健全完善自助、自驾旅游服务设施。

（5）快速推动温泉资源的利用开发。利用丰富的温泉资源，充分依托金谷温泉度假酒店和松岭、水浒村温泉眼的资源优势以及东泗乡公共服务中心的职能，将东泗村、碧浦村、松岭村等组团发展，做大做强温泉养生度假小镇，拓展温泉产业的发展。

二、双第华侨农场

1. 规划范围

双第华侨农场全部行政管辖范围，东至九十九坑旧坝区，西至石斗岭与程溪镇溪山大队昆连，南达许田尖、马鞍山、青山等分水岭，北与马岭、鱼嘴山等分水岭为界。规划区辖寨仔、侨星、洲仔、天城（新碑、前卫合并）4 个管区，共有 19 个自然村，总人口 4 126 人，总面积约 31 千米^2。

共划分为文化创业产业园、修禅祈福区、综合服务区、生态型康体运动休闲区、生态休闲度假区等 5 个功能区。

2. 功能定位

经济繁荣、功能完善、特色鲜明、生态优良、设施齐全的生态小镇；集文化娱乐、休闲度假、观光康体、创意农耕、养生养

老为一体的旅游度假精品；国内外知名的国家级生态旅游度假示范区；ISO 14001 环境管理体系认证单位。

3. 主要建设内容

充分利用双第山、水自然条件和丰富的人文景观，以九九溪滨水空间为贯穿整个规划区的绿化休闲景观轴，结合地形地貌及旅游资源分布等特点，通过生态绿廊、绿色屏障将规划区划分为组团式空间布局，每个组团周边均为绿地、山体、溪流，构成山、水环绕的“一核、多节点、串珠式”生态旅游度假区格局。

（1）加快居住用地建设。建设华侨农场侨居工程点居民用地，面积为 32.5 公顷，占城镇建设用地的 50.0%。度假居住用地为“第二居所”旅游度假用地，面积为 120.8 公顷，综合服务区居住用地、文化度假小镇建设和侨居工程整治相结合，以开发低密度高品质的旅游度假小镇和配套公寓区为主。

（2）加强公共服务及商业设施建设。主要包括：农场行政管理中心、文化娱乐中心（图书馆、影剧院）、教育机构、医院、养老院等；社区居委会级公共服务设施主要包括：居委会、老人活动站、卫生所等。

（3）提高农业绿色生产及绿地植被覆盖率。增加阔叶树，丰富植物景观，创造“小群生态”。

（4）建设双第污水处理厂及防洪设施。污水处理能力定为 0.85 万吨/日，建设用地 1.0 公顷。污水尾水经二级达标处理后达到综合排放一级标准后就近排入水体。

（5）实施生态区域绿化、防护林建设、生物多样性保护等四项生态保护与建设工程。实施生态区域绿化、防护林建设、生物多样性保护等四项生态保护与建设工程。在九九溪边、拟建的九九坑水库周边、生态小镇周边建设防护林网。

（6）加强道路基础设施建设。拓宽并向西延伸现有双第华侨大道，形成贯穿东西的发展主轴。

三、东园片高优农业示范区

1. 规划范围

东园镇西南部，地域面积 1.83 万亩（1 亩约为 667 米^2，全书同），其中水田面积 1.26 万亩，涉及港边、南边、东宝、东园、茶斜、枫林，新林、地尾、过田等 9 个村。

2. 功能定位

闽东南现代农业、都市农业、休闲农业发展的重要示范基地；闽台农业合作试验区的先行区、台湾农民创业园、台湾农产品拓展大陆市场、农产品仓储、展示、物流、检测、配送与交易服务重要中转基地；漳州市工厂化瓜果类蔬菜育苗中心。

3. 产业建设内容

（1）粮食作物和高值蔬菜生产功能区。建设地点东园镇港边、南边、东宝、东园、茶斜、枫林、新林、地尾、过田村。

（2）特色经济作物生产功能区。大力引进台湾优良、早熟、矮化新品种，结合当地特色水果浮宫杨梅、高效花卉等为主的特色经济作物常年种植，推广有机水果栽培，全面实施矮化、早熟、优质高产配套栽培技术。

（3）标准化水产养殖功能区。规划面积 2 800 亩，功能区涉及过田、新林、枫林、地尾等 4 个行政村，主要利用上述 4 个行政村的沿南溪地势低洼、盐碱地，连片统一规划，建设标准化水产养殖池，进行南美白对虾常规及大棚反季节养殖，新建虾塘 2 600 亩，配套新建管理房 2 000 米^2。

（4）农产品加工流通功能区。位于南边村。农产品加工功能区规划面积 150 亩。供龙头企业、农民专业合作社、种养大户进行农产品分级加工、精细加工、保鲜贮藏，达到集中加工、处理废弃物，提高资源利用率，减少农业面源污染等功效。农产品流通功能区规划面积 100 亩，建立农产品交易市场。

（5）生态农业与农村观光休闲功能区。进一步完善埭美古村和东宝村美丽乡村的基础设施和公共服务设施，开展村容整治，房屋外墙立面改造，配套建设公厕，建立垃圾中转站，实行村道绿化，民居美化亮化。居民休闲功能区以东宝村美丽乡村建设为示范带动核心区。

四、海澄片粮食蔬菜生产基地

1. 规划范围

海澄镇西南部，包括溪北、罗坑、和平、下地、合浦等五个村。规划区域面积 1.3 万亩，其中水田面积 6 700 亩。

2. 功能定位

粮食蔬菜、名贵树种、苗木的科研、提供特色生态休闲观光、水产和禽类养殖、产业辐射为一体的示范基地。漳州市工厂化瓜果类蔬菜育苗基地。

3. 产业建设内容

（1）粮食和蔬菜作物生产功能区。建设地点海澄镇溪北、和平、合浦村，建设规模 8 000 亩。主要采用“稻—稻—薯”或“稻—菜—薯”种植模式。

（2）名贵树种种植功能区。规划建设地点海澄镇罗坑村，规模 500 亩。

（3）白对虾养殖功能区。规划面积 500 亩，带动周边发展白对虾养殖 2 000 亩，功能区涉及下地村。

（4）番鸭养殖基地。规划建设地点海澄镇下地村，规模 200 亩，番鸭养殖基地以龙海市海澄龙杰种鸭场为龙头，带动周边村民发展本地良种番鸭养殖，提升当地番鸭养殖的规模与效益。

五、紫泥乌礁片粮食蔬菜生产基地

1. 规划范围

位于龙海市东北部的紫泥镇乌礁岛，涉及下楼、世甲、溪霞、溪洲等4个行政村，规划区域面积约4 600亩。

2. 功能定位

粮食（优质稻）、蔬菜（单体钢架大棚和中小棚特色瓜蔬）和集培训、食品检测、销售于一体的示范基地。

3. 产业建设内容

（1）优质稻生产示范区。建设地点为紫泥镇下楼、世甲、溪霞、溪洲村。

（2）蔬菜生产区。建设地点为紫泥镇世甲、溪霞村。

（3）多功能服务中心。建设地点为紫泥镇溪霞村。规划建筑面积800米^{2}的多功能服务中心，为生产基地服务，设有农产品质量检测室、基地农产品展示室、农业科技咨询服务室、农技培训教室、农资销售点等，为全面提高生产基地的科技含量和农民的素质提供全方位的服务。

六、紫泥浒茂片水产养殖基地

1. 规划范围

位于紫泥镇，基地总规划面积10 000亩，涵盖甘文农场、军垦农场及金定村、巽玉村、仁和村、新洋村草围农场、城内村华山农场、溪乾淡水道部分养殖面积。

2. 功能定位

名特优水产、南美白对虾标准化养殖及水产苗种繁育基地；闽南休闲渔业和红树林生态观光旅游首选目的地。

3. 产业建设内容

（1）甘文特色水产养殖基地。发挥示范基地地处九龙江出

海口咸、淡水交汇处，名特优水产品丰富的有利条件，以及光热充足、温度适宜、终年无霜的优越地理条件，规划发展以溪乾红蟳、黄鳍鲷、对虾、缢蛏等名优水产品种为重点的多样性水产特色养殖基地，促进水产养殖从传统模式向生态养殖模式转变，生产优质、高效、安全的水产品，增强市场竞争力，实现水产养殖业的可持续发展。

（2）南美白对虾标准化养殖基地。规划养殖面积 2 000 亩，涵盖巽玉村、金定村、仁和村、新洋村草围农场、城内村华山农场、溪乾淡水道；主要进行池塘改造，统一规划建设标准化水产养殖池。

（3）名优水产生态混养示范区。规划养殖面积 3 000 亩、基地涉及军垦农场、金定村养殖区，连片统一规划，进行池塘改造，建设标准化水产养殖池塘。

（4）水产苗种繁育基地。以金垦水产育苗场为产业龙头，创建标准化、工厂化水产苗种基地。

（5）观光休闲渔业区。建立甘文钓鱼台休闲农庄（省级水乡渔村）、龙海市鹏达水产专业合作社、龙海市合拢口家庭农场、南口渔夫家庭农场四家经营各具特色，集养殖与休闲功能为一体的休闲渔业。

（6）红树林保护观光游览区。在目前 4 500 亩基础上，扩种 300 亩的红树林。进一步完善红树林保护区的基础设施和防洪海堤观光大道等公共服务设施。

七、榜山片蔬菜生产基地

1. 规划范围

龙海市域中部，涉及龙海市榜山镇的文苑、上苑、南苑、园仔头等 4 个行政村，基地总面积 2 800 亩，属平原洋田。

2. 功能定位

粮食（优质稻）、蔬菜（单体钢架大棚特色瓜蔬）示范基地和蔬菜、水果、食用菌保鲜储藏精深加工基地。

3. 产业建设内容

（1）粮食和蔬菜生产区。涉及南苑、上苑、文苑、园仔头行政村。

（2）设施农业生产区。涉及南苑、上苑、文苑、园仔头行政村。

（3）农产品加工流通区。利用示范区周边现有的加工企业的部分加工流通场所，规划农产品加工流通区，涉及南苑、园仔头行政村。

（4）标准化商品有机肥示范区。建立标准化商品有机肥示范区，示范面积 1 000 亩，涉及园仔头、文苑、上苑、南苑村。

八、九湖片花卉及珍稀菇生产基地

1. 规划范围

规划范围包括：九湖镇蔡坂、田中央、大梅溪、小梅溪、洋坪、新塘、下庵、邹塘、埔美山、田墘、蔡坑、恒春、马岭、林前村。

2. 功能定位

漳州水仙花原产地保护核心区和控制区；龙海市花卉和绿化苗木的生产基地和产地交易市场；珍稀菇工厂化、专业化、规模化栽培示范基地。

3. 产业建设内容

（1）水仙花原产地保护区。继续稳定九湖圆山脚下的蔡坂、田中央、大梅溪、小梅溪、洋坪、新塘、下庵村等 7 个行政村主产区水仙花种植规模，划定 3 000 亩水仙花原产地保护核心保护区域和 3 000 亩水仙花原产地保护控制区。

（2）仙人掌多肉植物生产基地。建立以邹塘、埔美山村为中心的仙人掌多肉植物生产基地，面积为4 000亩。

（3）绿化观赏苗木基地。建立以田墘、蔡坑村为中心的绿化观赏苗木基地，面积3 000亩。

（4）榕树、盆栽、绿化苗木种植基地。建立以恒春、马岭、林前村为中心的榕树、盆栽、绿化苗木种植基地，面积4 000亩。

（5）珍稀菇工厂化基地。加强科企合作和菇农培训，继续引进、发展适销对路、适合工厂化栽培的珍稀食用菌。

第三节　“八大”农业主导产业的综合效益全面提升

提高耕地质量，抓好高标准农田建设，支持农田排灌、土地整治、土壤改良和机耕道路建设，加快建成一批高产稳产基本农田，着力提高耕地的持续增产能力。加大农业科技投入，优先发展循环农业技术、标准化技术和清洁能源技术，加强生物技术应用，培育和壮大农业龙头企业和新型农业经营主体，大力发展农副产品精深加工，持续做强做优粮食、蔬菜、食用菌、水果、花卉、畜禽业、水产、林业等八大农业主导产业，加快推动加快产业发展的结构调整和方式创新，提高产业附加值和市场竞争力，全面提升八大农业主导产业的综合效益，把资源优势转化为经济优势、生态优势和产品优势。

一、粮食

严守耕地红线，加强基本农田保护。基本农田保护耕地稳定为16万亩。保持粮食产量平稳增长，2020年，全市粮食产值达3. 5亿元。

（1）加强种植结构优化调整。

（2）加强五新技术应用。

（3）调动粮农积极性。

二、蔬菜

以出口创汇和国内市场需求为导向，充分发挥龙海市蔬菜生产的自然、资源和产业优势，全面实施生产设施化、质量标准化、经营规模化，在保证产量的基础上，加快向均衡供应和提质增效转变的进程。加强特色蔬菜良种繁育和推广，大力实施工厂化育苗技术，加速发展品质好、耐储运，适销对路的优质特色蔬菜、设施蔬菜和出口创汇蔬菜，提升蔬菜产业整体水平。2020年，龙海全市蔬菜种植面积稳定在18万亩（复种），年产量36万吨，蔬菜产值达10亿元。

（1）突出发展设施蔬菜。

（2）提升蔬菜生产标准化水平。

（3）加强蔬菜新品种选育。

（4）实施集约化工厂育苗。

（5）大力发展蔬菜加工和出口创汇。

（6）加快蔬菜市场供应集散中心建设。

三、食用菌

加快现代化食用菌产业基础设施体系建设，全面淘汰落后产能和生产栽培模式，全面实现规模化、工厂化、标准化栽培，推广食用菌工厂化、标准化和自动化生产，建成食用菌电子商务、食用菌质量安全检测、食用菌物联网和食用菌展示等平台。保持食用菌产量稳定，继续巩固龙海市蘑菇罐头加工基地在全国的领先地位。2020年，食用菌产量控制在90万吨，产值5.4亿元，其中珍稀菇产值达3.6亿元，占比达70%，双胞蘑菇产值达1.5亿元，占比下降5%。

（1）加大科技研发与高新技术攻关。

（2）进一步推进食用菌生产的标准化和自动化。

（3）大力提升食用菌深加工产能。

四、水果

加强名优水果示范基地、无公害水果生产基地、水果出口生产基地建设，以提升水果品质和质量安全为突破点，不断提升产业化水平和产业综合效益。2020 年，实现水果产业产值 3.5 亿元。

（1）加强果业高新栽培管理技术的研发与创新应用。

（2）完善产品质量安全体系建设。

（3）健全水果产品市场流通体系。

（4）深化龙台果业产业合作。

（5）提升果产品精深加工能力。

五、花卉

以工业化思维推进花卉产业的转型升级。以科技兴花为宗旨，加强龙海水仙花等特色花卉种质资源库建设。加强名优新花卉品种的研发，培育自主知识产权产品；以市场为导向，加快花卉产业化经营，培育一批辐射带动能力强的花卉生产、花卉物流龙头企业，健全完善九湖、东泗花卉产业带和交易市场建设。引导中小企业走规模化、标准化、现代化发展道路，鼓励企业采用先进的生产方式和高效市场流通方式，推进花卉苗木标准化生产和提升花卉物流业的运作水平；以建设我国东南地区最重要的花木交易集散中心为契机，充分发挥龙海对台农业合作优势，推进龙海花卉产业的深化交流合作，提升漳州花卉产业的外向化水平。2020 年，花卉产值达 18 亿元，出口创汇达 6 000 万美元以上。

（1）加强科技创新与产业结构优化升级。

（2）提高生产设施化水平。

（3）建立完善市场体系。

（4）拓展产业国际国内合作与交流。

六、畜禽业

促进畜禽优良品种的保护、引进、繁育、开发和推广；大力培育龙头企业和专业合作社，推进标准化和规模化生产；发展循环农业，推广少污染、无污染生态养殖模式，推进绿色生产；强化健全动物防疫防控体系，降低养殖风险，提高产品质量安全；培育特色畜牧业专业村镇，加强示范区（基地）建设，充分发挥辐射作用。

以转型发展为主线，积极推广生态养殖模式，建设现代高效生态畜牧业；优化结构，发展节粮型畜禽养殖；大力发展畜产品加工业和流通业，加快构建现代畜牧业新型产业体系。

（1）畜禽标准化生产建设。

（2）加强质量安全体系建设。

（3）推广资源化利用模式。

（4）推进良种繁育体系建设。

（5）促进畜牧产业结构进一步优化。

（6）发展畜禽产业深加工。

七、水产养殖业

坚持优质、安全、高效和市场导向原则，优化产业结构，加快增长方式转变，构建现代水产产业体系，推进产业化进程。按照“特色化、产业化、标准化、无公害”的要求，大力发展高优品种养殖，建设一批海上高新养殖示范区；大力发展渔区二三产业，拓宽渔民就业渠道，引导渔民从事水产品养殖、加工、运

销等行业。以转变渔业发展方式为主线，倡导渔业标准化、设施化、安全化生产，大力推进渔业种业发、渔业加工、休闲渔业发展，更加注重一二三产业协调发展；全面提高渔业综合生产能力，更加注重渔民增收和渔业转型升级。2020 年，水产总产值达 60 亿元。其中，远洋渔业产值 8 亿元。水产加工业产值 15 亿元。

（1）提升发展现代水产养殖。

（2）重点培育渔业苗种繁育。

（3）持续壮大水产品加工业。

（4）保障水产品流通安全。

（5）推进休闲渔业建设。

（6）调整海洋捕捞产业结构。

八、林业

深入实施以生态建设为主的林业发展战略，围绕现代林业种业工程、林木加工产业提升、森林旅游等第三产业的延伸拓展，以及森林生态环境保育为重点，积极组织实施项目建设，不断推进龙海现代林业产业的提效提质，挖掘珍稀林木资源并合理利用，在保障生态环境的同时，兼顾经济效益，促进龙海林产业的可持续发展。

（1）构建多功能林业生态体系。

（2）构建多层次林业文化体系。

（3）科学发展高效益林下经济。

（4）加快林业产业体系建设进程。

（5）着力加强林业碳汇储备。

第二章　稳定粮食生产，确保粮食安全

近年来，我国局部地区洪涝灾害、长期极端干旱等灾害性天气频发，城镇化建设的推进及工业化发展、交通道路建设、农村违规建房、边远耕地被抛荒等占用或抛荒许多耕地，对我国农业生产造成重大影响，严重危及粮食安全，粮食安全问题已引起各级政府高度重视。福建省粮食安全也不例外受到这些因素的影响，以龙海市为例，据统计局数据，2016 全年水稻播种面积 13.82 万亩，总产 5.7 万吨以上，水稻播种面积比 2015 年减少 1.86 万亩。由于种粮效益低，农民积极性不高，特别是晚季农民都不种水稻，水稻田双改单放空等到 10 月改种经济效益好的蔬菜。为了能稳定粮食面积，保障粮食安全，近年来，龙海市以转变农业发展方式为契机，按照“稳粮提质增效”的基本思路，因地制宜，多措并举，开展粮食高产创建、粮食综合直补、水稻良种补贴、水稻保险等措施保障粮食安全，提高农民种粮的积极性，结合实际，通过大力发展水稻生产特别是再生稻产业来稳定粮食面积。

第一节　粮食生产现状与分析

一、农户耕地少而分散，部分不适宜机械化作业

农村实行家庭联产承包责任制以来，家庭责任田分散且面积小，不适于机械化，耕作耗时效率低。据统计，户均耕地不足

2.14 亩（人均耕地不足 0.57 亩），且分有平洋田、山垅田等几类。

二、农田基本设施存在缺失，中、低产田面积占有一定比例，产量低

几年来，全市农田水利建设虽然取得了一定成绩，但与建设现代农业和确保粮食安全的任务相比，与抗御日益频发的洪涝等自然灾害的要求相比，还存在相当大的差距。从调查的情况看，全市机耕道、排灌渠道有一定程度的损毁，河道淤积严重，河床不断抬高，既影响排水速度，又减少了蓄水量。因此，农田水利建设“最后一公里”形成梗阻问题，粮食生产常因内涝或干旱而减产。

三、农村青壮年不愿务农，农业劳动者呈现老龄化、妇女化

近年来，随着城镇化建设的推进和城市工业化的发展，大量农村青年离乡离土转向非农产业谋生。农村劳动力变“富余”为“不足”，特别是年轻劳动力尤其紧缺，且呈现老龄化与妇女化趋势，农民种粮主要满足自产自销。

四、农资、劳动力价格日益上涨，种粮效益低下

近几年来，农资价格节节攀高，整体农资价格上涨 30%～80%，杂交种子价格翻番，劳动力工价逐年上升，目前劳动力日工价达 70 元以上，农业生产种值成本日益增加，种粮效益低下。农村相继出现耕地闲置或双改单现象。据 2016 年水稻种植季成本调查，每亩农资成本（肥料、种子、农药等）需 210 元左右，用工成本需 400 元左右（5 天×80 元/天），田租 300 元/亩，抽水、犁田、机收 250 元/亩等小计成本 1 160 元；平均亩收入 1 428.3 元（即 500 千克/亩×2.70 元/千克＝1 350元，优惠政策

补助 78.3 元/亩)。可见每亩每季种粮，每亩纯收入仅有 268.3 元。

五、农技队伍的作用来充分发挥

一方面乡镇农技站“三权”下放到乡镇后，有的乡镇政府没有真正发挥农技队伍公益性科技示范推广作用，不少农技人员转行工作；另一方面，乡镇农技站缺乏必要的试验示范推广经费和设施设备，开展农技推广工作停留在靠“一张嘴、一张纸”上，难以发挥农技队伍的作用。

六、开展农业“五新”技术示范与农民科技培训力度不大，农民科学种田水平低

每年进行的农业“五新”技术试验、示范均在几个乡镇，农田设施好、肥力较好几个村进行，大部分乡村农民没有参与到农业“五新”技术的试验、示范与培训中来，大多数乡村推广应用农业“五新”技术的力度不大，新技术、新成果普及率、到位率以及农民科学种田普及率低。

第二节　提高种粮效益，稳定和发展粮食生产的有效措施

农业是国民经济的基础，粮食生产更是基础的基础，在现今我国经济进入快车道发展阶段，粮食基础地位尤显重要，粮食不稳，民心不定，何谈发展经济。因此，从中央到地方各级对农业和粮食生产都高度重视，中央连续 14 年发布一号文件加强农业基础地位；把提高种粮效益、遏制耕地抛荒、稳定粮播面积，增加粮食单产提到议事日程，采取一系列措施，稳定和发展粮食生产。

一、加大基本农田的保护力度，遏制抛荒，稳定粮播面积

贯彻执行《土地管理法》《基本农田保护条例》，加强基本农田保护，严格控制各类建设用地对耕地尤其是基本农田的侵占行为。加大制止耕地抛荒撂荒休耕等工作力度，稳定粮食播种面积，加强督促检查，确保实现耕地增减动态平衡，提高农民防灾抗灾和粮食综合生产能力，促进农业生产可持续发展。

二、加大农田基本建设投入，完善农田基本设施

近年来，精心实施粮食产能项目，加大农田基本建设投入。在农田整治和农业综合开发上，重点抓好小型水利设施和农田水利设施建设，逐步建成一批稳产、高产田，加大中低产田治理和改造力度，挖掘其增产潜力。

三、加大科技推广力度，落实粮食关键增产技术措施推广

农技服务部门履行部门职责，因地制宜推广集成配套高产栽培技术，尽力示范推广超级稻、再生稻、甘薯、马铃薯等粮食增产技术。开展粮食高产创建活动，大力推广优质粮食作物新品种，结合水稻蔬菜轮作制度减少病虫害的发生；推行水稻生产、加工全程机械化配套标准生产模式，创无公害产品。

四、加大科技培训力度，着力提高农民科技素质与种田水平

各级政府逐年加大对农民的科技培训力度，重视基层农技推广体系改革与建设示范市项目的实施，建立了市、乡、村三级一体化，职能明确、机构完善、队伍精干、保障有力、运作高效的农技推广服务网络；开展新型农民科技培训，提高农民素质。培养了一大批有技术、会管理、懂经营的新型专业农民。

五、加大规模种粮的补助扶持力度，培植种粮大户

加大规模种粮的补助扶持力度，刺激并鼓励种粮能手、种粮大户进行长期规模种粮，尤其鼓励种粮大户承租中低产田的改造与扶持力度，促进粮食生产跨越式发展，种粮效益大大提高。

六、加大种粮补贴力度，建立提高种粮效益的长效机制

加大对种粮农民的农资综合直补、良种补贴的力度，惠农政策严格执行“谁种补谁，多种多补，不种不补”的原则，上墙公示各项补助资金的发放，建立各项补助资金发放的追溯制；提高水稻种植保险补贴的理赔额度和农户农业生产抗灾能力；加大购买农机具补贴的力度，提高农业机械化作业水平；建立激励种粮和提高种粮效益的长效机制，采用多种形式土地流转，鼓励种粮能手、种粮大户等进行规模承包耕地积极种粮。

七、加大再生稻发展力度，稳定粮食面积

再生稻是利用水稻的再生特性，在头季稻收割后，采用适当的栽培管理措施，使收割后的稻桩上存活的休眠芽萌发再生蘖，进而抽穗成熟的一季水稻。再生稻生产具有省工、省种、省水、省肥、省药、省秧田、省季节、米质优、增产增收等特点，是一种高效种植模式。近年来，在再生稻生产的示范与推广上狠下功夫，取得了良好的经济效益、社会效益和生态效益，为粮食生产连年增产作出了贡献。

第三章　强力推进产业转型升级，构建蔬菜发展新格局

蔬菜是龙海市农业的主导产业之一，在农作物生产中居第一位。为完成“十三五”规划任务目标，龙海市蔬菜产业必须深入推进农业供给侧结构改革，构建产业发展新格局，按照“高效产出、产品安全、资源节约、健康营养”的现代农业发展要求，充分利用现有的产业基础，以增强蔬菜产业竞争力为核心，坚持市场导向和效益优先，强化政策和科技支撑，通过稳定面积、提高品质、改善设施、夯实基础、创新机制，优化品种与区域布局，实现内涵式发展，促进资源优势、生产优势转化为市场优势，达到产业的转型升级。

第一节　龙海市蔬菜产业现状

随着高值作物对低值作物替代的种植业结构调整，对台农业合作的发展，龙海市蔬菜的大生产、大市场流通的格局已基本形成，蔬菜工作的重点已由粗放的数量型转向精质的质量型发展，品种丰富了，总量增加了，品质也有较大的改善，由供应本地市为主，进而南菜北调，最后走向国际市场，成为龙海市发展高优农业的主流。据统计，龙海市种植的蔬菜品种有八大类20多种，从以前的四大菜用优质豆类为主（即以毛豆、荷莲豆、甜豌豆、四季豆生产为主），转为以出口类、叶菜类、瓜果类蔬菜生产为主（西兰花、西生菜、黄秋葵等）；蔬菜生产方式已经由以户为

单位进行分散生产为主转为以种植大户成片集中生产为主。2016年全市蔬菜播种面积23.29万亩，占全市农作物播种总面积的49.94%，预计总产37.1万吨，平均亩产1 593千克。全市拥有众多的中介组织，速冻加工企业，蔬菜产品95%以速冻保鲜、制罐、浓缩汁、烘干、腌渍加工等形式销往韩国、日本、美国、西欧等国际市场。

第二节　蔬菜产业发展中存在的问题

一、蔬菜产业受市场因素影响较大，菜金菜土现象时有发生

就龙海市而言，目前面临的主要挑战仍是市场。如去冬今春以来，几乎所有的蔬菜品种价格创历史新低，花菜田头价每千克低至0.3元，大棚空心菜每千克低至0.6元，收入不够支付采收费，虽有产量但没效益，部分种植户甚至直接把蔬菜犁掉回田，95%的营销大户、合作社、加工企业亏本，蔬菜保鲜库全部饱和。不同的是2015年冬2016年春，龙海市的菜农、种植大户、合作社、营销大户、加工企业的效益均翻翻，亩产值高的甚至是正常年份的3~4倍。蔬菜生产出现这种“菜金菜土”的现象归根结底是市场问题。

二、缺乏统筹规划，宏观调控引导不力，发展带有一定的盲目性

虽然现在的蔬菜生产以订单生产为主，但一些种植大户或农户的生产还有一定的盲目性，在生产方式、季节茬口和品种结构上出现雷同，导致了区域性、季节性、品种结构性的过剩，价格下跌，效益下降。

三、市场体系不健全，生产经营活动不规范，产业链上各经营环节间的利益分配严重不公

菜农的劳动价值仅占蔬菜零售价格的1/4～2/5。中介组织和流通组织效益过高，影响到农民生产积极性。

四、农产品加工能力不足

特别是冷链物流建设更不健全、不完善，蔬菜常因集中短期采收，因菜价低下又无法保鲜冷藏而烂在地里。

五、蔬菜产业化、规范化生产还有一定差距

尤其是标准化分级、品牌化销售的覆盖面还较少。

六、蔬菜的质量卫生安全仍存在隐患

近几年来，菜农对低农残蔬菜生产认识虽然普遍提高，多数种植户能够按规范认真实施，但部分菜农对化肥和农药使用仍存在不当，造成蔬菜药残及化肥污染，还有环境污染对蔬菜生产也产生不利影响，农残检测时有超标，既给广大消费者增加心理负担，又影响蔬菜的产业发展。

第三节　今后蔬菜产业的发展对策

一、合理定位，科学区划

根据龙海市“168”农业发展工程的产业布局，以主体功能区规划和优势农产品为依托，合理定位，科学区划龙海市的蔬菜产业。龙海蔬菜产业发展成熟，是福建的领导产业，应依托这种地域特色的农业资源优势与产业优势，以“出口型蔬菜”生产

为主，以健康、营养、高值、高效为生产目的，以出口及国内高端消费为主营，因地制宜发展休闲观光、标准化生产、设施栽培，达到高度产业化。依据龙海蔬菜生产的区域性、相对集中性，重点抓好紫泥、榜山、海澄、东园、浮宫、隆教六大高优蔬菜生产基地，引导带动全市蔬菜蓬勃发展。

二、规模种植，合理轮作

随着市场竞争的日益激烈，单打独斗的零星小户生产早已难成气候，规模生产是趋势。为此，要以供给侧结构性调整为重点，稳面积，调结构，增效益，以加工企业建立生产基地和合作社、种植大户规模化生产为载体，实行适度规模经营，一般种植大户以 30～50 亩为宜，条件许可的可扩大至 80～100 亩，合作社、龙头企业以连片百亩以上为宜，确保全市蔬菜生产规模化面积达到95%以上。同时，为确保蔬菜提质增效必须实行合理轮作。蔬菜若长期连作，容易造成相同病虫害的猖獗、某种元素缺乏、根系分泌的有机酸及有毒物不易消除和土壤 pH 值改变较大，诱发土传病虫害、根结线虫等多重生产障碍。此外，施肥不当会造成土壤次生盐渍化和营养失衡，还有植物的自毒作用，这些都是连作障碍。因此，必须定期采取水旱轮作或不同科属作物的轮作，尤其是要大力提倡高值蔬菜与优质水稻科学轮作，以解决连作障碍问题，实现粮菜双增收，提高综合效益。

三、设施栽培，提高产出

龙海市人多地少，蔬菜生产需求量大，为增加收入和保障供给，许多企业、合作社、种植大户纷纷跨县、跨省承包土地种菜，随着外出种菜成本的增加和风险，许多大户还乡发展大棚蔬菜并取得较好的经济效益，也带动全市大棚蔬菜的发展。近几年来，大棚蔬菜在龙海市农业生产中的地位不断提高，通常大棚蔬

菜亩效益1万~3万多元，亩纯收入6 000~15 000元，是露地栽培的3~6倍多。设施蔬菜较高的经济效益已经凸显，展示了现代农业的优势，体现了现代农业高标准、高投入、高产出、高效益的特点。当前，龙海已达到大田蔬菜向大棚蔬菜发展的最佳期，要抓住目前尚有省级大棚建设补贴项目这种契机，大力发展大棚蔬菜，小田块、边角地建设单拱大棚，连片田、大田块建设连栋大棚，大企业、休闲农业建设智能温控大棚，同时，要逐步完善设施产业装备水平，推广应用基质栽培、水肥一体化、智能操控系统等配套设施设备，促进龙海市的蔬菜设施栽培逐渐上规模上档次高产出，达到提质增效。

四、产业经营，一二三产业融合

围绕产业配套，实行有计划的全链条的产业经营，推广“生产基地+加工企业+商超销售”等产销模式，着力打造一批带动力、竞争力强的农业龙头企业、农民合作社、家庭农场等新型农业经营主体，发挥它们在科技成果应用、绿色发展、市场开拓、机械化耕作等方面引领作用，不断延伸产业链条。按照种植规模化、生产标准化、销售品牌化、处理商品化、经营产业化等“五化”要求，大力发展集约化工厂化育苗，全面实施标准化生产，开展蔬菜深加工，开发高端蔬菜产品，推动蔬菜质量分级、采后处理、包装配送等标准体系建设，开展冷链标准化示范和蔬菜产地预冷工程，在继续推进农产品“三品一标”认证的同时，重点挖掘已有品牌的潜力，引入现代要素改造提升传统名优品牌，将品牌优势转化为产业优势，同时，要推进区域农产品公用品牌建设，支持地方以优势企业和行业协会为依托打造区域特色品牌。从工厂化育苗、标准化大田生产到农产品加工、品牌建设、销售等全由新型经济实体实行产业经营，实现一二三产业融合。

五、休闲观光，互联网+农业

龙海地理位置优越，北部多低山。南部多丘陵，大约是“六山三水一分田”，素有“鱼米花果之乡”的美誉，交通四通八达，非常有利于利用“旅游+”“生态+”等模式发展休闲观光农业。部分经营实体资本雄厚，可以利用丰富的山地资源，大力发展蔬菜种植体验，水果型蔬菜采摘、高值观赏型、品尝形智能栽培，生态餐厅健康消费，结合农家乐发展绿色食品、有机蔬菜，利用食用菌菌渣、畜牧粪便沤肥发展有机循环农业。同时，要适应新时代发展需求，大力推进“互联网+”现代农业，发展电子商务综合示范，应用物联网等现代信息技术，推行“公司+基地+农户”、土地银行、专业合作社、家庭农场等有效组织形式，发展“订单农业”“合同农业”。促进新型农业经营主体，加工流通企业与电商企业全面对接融合，推动线上线下互动发展，扩大蔬菜产品的销售半径，提升产业附加值和综合竞争力。

第四章　龙海市荔枝产业生产现状及转型升级发展思路

第一节　概　述

荔枝原产于我国南部，以广东省栽培最多，其次是广西壮族自治区，福建省排名第三。目前，全世界80%荔枝在中国，全国60%荔枝在广东，广东省荔枝面积最大，名优品种也是最多。我国荔枝种植历史相当悠久，史书有记载可追溯到汉武帝时期司马相如的《上林赋》。在各种果树中，荔枝树是树龄既长且年年硕果累累的树木之一。荔枝全身是宝，其树势优美，叶绿层厚，四季常青，是良好的园林绿化观赏树种；其根系发达，也是很好的水土保持林和防风林树种；花芳香而多蜜，是很好的自然界蜜源植物；木材坚硬，纹理细致，是制作高级家具和雕刻工艺品的优质原料；种子含淀粉达37%，可用于酿酒、制醋；果皮、树皮和根富含单宁，可提取栲胶等化工用品，具有多种用途；果肉营养价值高，除鲜食外，还可制成干、罐头、果汁、果酒、蜜饯类系列产品，是消费者喜爱的水果之一。药用价值方面果肉具有补脾益肝、健脑益智、生津止呕的功效，果核具有理气散寒、治疝气、肿痛、胃脘痛等功效。是比较有竞争力的果树之一。

第二节　龙海市荔枝生产的现状与问题

一、龙海市荔枝生产现状

龙海市属南亚热带海洋性季风气候区，年均温 21.5℃，年降雨量1 500~1 700毫米，无霜期达 340 天以上，年均相对湿度 78%~85%。冬季有“天然大温室”之称。非常适宜荔枝栽培。且栽培历史相当悠久，现九湖镇九湖村仍保存一株约 650 年历史的兰竹荔枝古树。现全市荔枝面积 3 000 公顷，主栽品种为兰竹，约占 70%，其次是乌叶，约占 20%；其他 10%是早熟早红以及近 20 年来陆续引种的省内外晚熟品种。

二、龙海市荔枝生产存在的问题

1. 果园基础设施差、管理粗放，产量供大于求

龙海市荔枝从十一届三中全会以后，农村经济体制改革推动荔枝产业迅速发展，当时市场需求量旺盛，推动荔枝面积快速增加，荔枝产业的发展呈现高速而粗放的状态。由于发展起点低，果园设施差。到 20 世纪 90 年代中后期面积产量达到高峰，1999 年开始走下坡路，出现“果贱伤农”现象，陷入果园失管、栽培经济效益差的恶性循环，呈现出供大于求的产能过剩现象。

2. 品种结构不合理制约发展

荔枝果实在盛夏采收，果品极不耐贮藏，自古有“一日色变，二日香变，三日味变，四日色、香、味尽去”的特性。加上荔枝品种结构存在过于单一，早、中、晚熟结构不合理。成熟期高度集中的问题，加上保鲜及加工产业发展滞后，导致目前果农栽培经济效益较差，果农收入降低，诸多因素成为制约荔枝产业发展的瓶颈。

第三节　龙海市荔枝产业转型升级发展思路

一、适度发展林下经济

选择交通便利的果园，特别是乌叶品种的果园，树体种植铁皮石斛，果园地面种植兰花或栽培灵芝，发展立体种植，提高果园经济效益。

二、发展园林观光休闲游

以荔枝树和园林树木为重点，开发采摘、观景、赏花、踏青、购置果品等旅游活动，让游客观看绿色景观、亲近美好自然，间接提高果园经济效益。

三、推广标准化果园建设

每年建立1~2个标准果园示范点，标准果园项目主要有：果园主要干道硬化，排灌设施建设、诱虫灯、性诱剂、诱虫黄板，配套实施荔枝质量安全栽培技术（主要控梢、控穗、保花、保果、郁闭果园适度回缩修剪和病虫害预测预报及综合防治技术的应用），以示范点带动荔枝标准果园建设。

四、应用高接换种、调整品种结构

为将目前不合理的品种结构调整至相对合理，将原来早、中熟为主，调整为早、中、晚熟比例为20比60比20，延长鲜果供应期。“高接换种”就是充分利用荔枝原来植株强大的根系和骨架，高位嫁接具有晚熟、优质、稳产和适应市场需求的荔枝良种，应用“高接换种”技术来调整品种结构，达到荔枝产业可持续发展。近20多年来，龙海市共引进20多个晚熟荔枝品种，经多年试验示范已筛选出几个比较适合龙海市发展的品种，并计划逐年推广。主要有“井岗红糯”“紫娘喜”“红绣球”等。首先改良品质中下的乌叶品种以及早红、下番枝等目前栽培经济效益较差的品种，再调整20%兰竹面积进行逐年“高接换种”，让晚熟品种面积在五年内增加到20%左右。

五、加强荔枝果品检测，建立质量安全追溯体系

以家庭农场或合作社为依托，对荔枝果品实行统一编码管理，检测合格的产品实行统一包装和标识，逐步建立完善可追溯体系。

六、荔枝预冷保鲜及深加工

鼓励以家庭农场或种植大户为依托，配套建设荔枝预冷保鲜库，延长荔枝鲜果供应期，发挥紫山等农产品加工企业龙头作用，加工荔枝深加工产业。

七、应用互联网+农业电商平台，推广原产地直销模式

依托合作社或家庭农场、注册商标，配套保鲜库，进行短期贮藏，然后直销至消费者手中，减少流通环节，提高果农的收入。

第五章　龙海市杨梅产业转型升级发展思路

第一节　产业概况

杨梅是龙海市具有地方特色的大宗水果，全市水果总面积17.86万亩，杨梅8.5万亩，占47.6%。龙海市浮宫镇从宋朝时期就开始种植杨梅，栽培历史悠久，20世纪90年代中期面积约3万亩，在龙海市及浮宫镇两级政府的大力推介下，迅速崛起，因杨梅具有水果和药用的双重价值；深受消费者青睐，成为果中新贵。尔后面积和产量迅速提高，至2010年稳定在8.5万亩左右。2001年对“浮宫杨梅”进行商标注册，2002年被福建省人民政府授予“福建名牌产品”称号，十几年来，“浮宫杨梅”以早熟、个大、风味独特、色泽艳红在国内外市场上享有盛誉，浮宫镇被誉为“福建杨梅第一镇”，已成为福建省最大的杨梅集散地，为龙海市杨梅转型升级提供了市场保证。但近年受整个社会经济增速放缓以及消费者对果品质量安全要求不断提高等因素的影响，加上云南省引进龙海市杨梅品种种植后现已投产，因独特小气候条件其杨梅上市比龙海市提早20天左右，个别地方提早2个多月，导致龙海市以前以早熟占领市场先机的优势被严重削弱，对龙海市杨梅产业可持续发展带来严峻挑战。为适应新的市场形势，龙海市杨梅产业发展面临转型升级，必须尽快改变传统的主要依靠物质要素（如化肥农药）投入来获取高产转到依靠应用科技创新以品质为主和提高劳动者素质上来。布局发展绿色果业，保护生态环境，形成产地环境良好，精致型生产质量安全杨梅果品的发展新格局。2012 年“浮宫杨梅”通过“国家地理产品保护标志认证”是龙海市唯一获得该殊荣的特色水果。

第二节　龙海市杨梅产业转型升级发展方向

一、龙海市杨梅产业发展现状

1. 概况

根据统计局数据，至 2015 年年末杨梅实有面积 85 791 亩，其中采摘面积 71 469 亩，产量 2.4 万吨。主要分布在浮宫、港尾、白水、东泗等乡镇，占总面积 88%。杨梅分布种植情况是相对集中连片，品种以龙海市传统名优良种安海及安海变为主，同时约有 10%的从浙江黄岩引进的东魁杨梅。

2. 果园基础设施差，栽培管理相对粗放

2003 年以来，随着杨梅果品价扬销畅，种植面积增速加快，园地选择有一定盲目性，果园道路、排灌配套设施较差，修剪、施有机肥及疏花疏果等高优栽培技术应用程度低，特别是施肥和喷药管理只能凭经验，不仅浪费大量的人力物力，也对环境保护构成严重威胁，影响果品质量和可持续发展。

3. “浮宫杨梅”品牌效应发挥不到位

在 2012 年已获“国家地理产品保护标志认证”，但对外一直没有启用。其主要原因是“品牌”农产品应具有的标准化生产实施程度较低，果品的质量标准和安全健康保证追溯体系不完善。目前存在一家一户的落后生产经营状态也制约着品牌效应的发挥。

二、转型升级发展方向

1. 建立标准园

依托合作社或家庭农场建设杨梅标准园，主要项目是果园主干道硬化，配套保鲜库设施，果园安置防虫灯、防虫网、悬挂诱虫黄板，应用质量安全栽培技术。计划2017—2022年，对接省农业厅现代果业标准园建设项目，每年建6~10个示范点，推广面积1 000~1 500亩。

2. 建立杨梅果品生产、销售追溯源系统

依托合作社和家庭农场，建立杨梅果品生产、包装、运输、销售溯源系统，让消费者迅速了解果品生产环境和过程，保证向社会提供优质放心的果品，增强消费者对果品安全程度的放心。有效保障合法经营者的利益，又提升“浮宫杨梅”的品牌效应。

3. 应用智能设施，向精致型管理发展

由于杨梅采摘期常遇到多雨天气，造成杨梅烂果落果严重，影响产量和品质，传统生产方式就是靠天吃饭的粗放管理，根据杨梅生产特性，应用单株独立防雨防虫智能棚，精致管理，保证产量和品质，达到提高栽培经济效益的目的。计划以合作社为依托，通过建立1~2个示范点，再辐射推广。

4. 建立杨梅产区生产环境监控系统

为生产健康安全优质果品，杨梅地理标志圈定的七个乡镇，建立大气和水资源监控系统，保护杨梅生产过程不受环境污染。

5. 应用互联网+农业电商平台，推广原产地直销模式

近两年来，杨梅网上直销已经越来越多，以合作社或家庭农场为依托，注册商标，直销商户可应用微信直播、视频网SNS，对果园信息实时监测（如什么时候进行修剪、疏花疏果、什么时候施肥、什么时候喷药、什么时候采摘）让消费者了解生产全过程，提高消费者信心和安全保证。

6. 推广果园管理智能化技术

在标准化果园试点杨梅园智能灌溉、智能施肥与智能喷药等自动化控制。

7. 发展旅游休闲农业

与旅游业合作，依托合作社、家庭农场在交通便利的果园发展早、中迟熟及新品种杨梅观赏、品尝、自采、直销等休闲观光农业。同时，对部分失管、长势差、缓坡地带、品种混杂的杨梅改种我国台湾优质早熟多季可采果的品种，如火龙果、百香果、芭乐、杨桃、桑树等。达到四季有果可摘，提高休闲观光效果。

8. 发展杨梅深加工，提高产品附加值

即在预冷保鲜冷藏冷链销售的基础上，充分利用药用价值和特有口味，开发杨梅酒、杨梅饮料、蜜饯、低温干燥脱水等，使产品优越成为产业优势。

第六章　如何加快龙海市食用菌产业转型升级的调研报告

食用菌产业是变废为宝的绿色循环农业，龙海市从20世纪60年代发展至今有50多年历史。其生产、加工、销售在龙海市有相当稳固基础，是提高农村经济增长质量、效益，增加农民收入，实现农村又快又好发展的一项“短、平、快”项目。近年来，龙海市食用菌发展面临诸多问题，如双孢蘑菇呈现面积逐年下滑态势，工厂化产品杏鲍菇价格低迷等。

第一节　食用菌产业发展的特点

一、品种区域布局明显

据不完全统计，近3年龙海市食用菌床栽面积360万~420万平方米，袋栽0.9亿~1.15亿袋，总产8万~9万吨，产值4亿~5亿元。形成紫泥、榜山蘑菇、草菇产业带；九湖、程溪杏鲍菇、海鲜菇工厂化生产产业带。

二、多种生产方式并存

目前龙海市食用菌生产方式既有传统的人工季节性栽培，也有周年工厂化生产。如双孢蘑菇、草菇、秀珍菇、白背毛木耳等还停留在季节性栽培，以一家一户分散式生产模式为主。而杏鲍菇、海鲜菇、金针菇等已实现周年工厂化生产。

三、技术优势突出

经过半个世纪的发展，龙海市菇农对食用菌生产较为熟悉，乡土人才和技术能手层出不穷，据了解，全国各地只要有食用菌的地方就有龙海技术员，这些技术人员也为我国南菇北移作出了贡献。

四、工厂化规模经营初显

目前龙海市食用菌周年工厂化栽培有 22 家，其中杏鲍菇场 18 家，海鲜菇场 2 家，秀珍菇场 1 家，金针菇场 1 家。日产 9 万包的栽培场 2 家，占比 10%，规模化经营初显。

五、加工营销力量强大

目前，龙海市走南闯北的营销队伍十多支，产品销往上海、深圳、广州、北京等地，并借道深圳销往港澳地区。罐头、速冻等加工企业十多家，有全国蘑菇罐头十强企业紫山集团、海山集体等，强大的加工团队不仅消化本地原料产品，每年还从外地调进大量原料产品，使龙海市成为食用菌产品的主要集散地。

第二节　食用菌生产面临的问题

一、传统品种面临产业下滑态势

龙海市传统大宗产品如双孢蘑菇、白背毛木耳等面临面积逐年下滑态势，究其原因如下。

1. 效益瓶颈

双孢蘑菇和白背毛木耳都是以出口为主的品种，这几年随着生产原料和劳力成本逐年提高，加上出口形势不乐观（白背毛木

耳原来基本全出口，现在只有50%出口），收购价不升反降，几个因素叠加，致使菇农经济效益下滑。

2. 食品安全瓶颈

家庭作坊式分散生产，菌种的来源、病虫害的控制及种植过程缺乏规范管理，存在农残超标等食品安全不确定因素。

3. 土地瓶颈

龙海市人均土地面积少，与山东、江苏等土地资源较丰富的省份比，存在土地制约瓶颈。部分有技术、有意愿投建蘑菇工厂的大企业苦于没有建设用地，只能走出去投资办厂，如紫山集团、海山集团等。

二、工厂化企业发展难题

1. 品种单一

龙海市杏鲍菇产量占工厂化产品的90%，品种单一。

2. 资本瓶颈

食用菌工厂化生产是资本+人才+技术的综合性行业，龙海市工厂化生产以杏鲍菇为主，原来暴利时代已经远去，近3年市场价格相对低迷，处于重新洗牌阶段。大企业依靠大资本，有能力进行生产工艺升级换代，减少劳力、提高效率、降低成本，做到节本增效，而小企业无力升级只能被淘汰出局。

3. 电力成本高

电力成本占到工厂化产品成本的1/3左右，没有电价方面的优惠政策，成本较高。

4. 品牌瓶颈

工厂化产品如杏鲍菇、金针菇等，近几年由于技术成熟产量稳定，全国各地大力发展，产量相对过剩，出现供大于求，这时没有品牌就没有效益。

第三节　食用菌产业转型升级的趋势及策略

一、食用菌产业转型升级的趋势

1. 发展食用菌工厂化智能化栽培是大势所趋

食用菌工厂化智能化生产是采用现代工业设施和人工模拟食用菌的生态环境技术，实现生产操作机械化，生长环境智能化，鲜菇生产周年化，产品质量标准化的高投入高产出的现代设施化农业。而未来20年，世界看中国，中国看农业，农业看餐桌，工厂化食用菌可以保证餐桌安全！现在中国人均GDP已突破5 000美元，居民消费开始从温饱型向享受型转变：从吃得饱到吃得好，到吃得健康、吃得放心、吃得有范！在这一背景下，发展食用菌工厂化、智能化生产顺应时代要求。

2. 建立蘑菇工厂化基地是出口加工企业的必然选择

面对双孢蘑菇常温栽培的诸多瓶颈，尤其是农残瓶颈，逼使加工企业建立自己的生产基地。如国内允许使用的低毒农药，也是目前食用菌生产广泛使用的“多菌灵”“咪鲜胺”等，若出口美国就不能使用，因为美国从2010年开始执行的农残标准，“多菌灵”“咪鲜胺”不得超过10微克/千克（等同于不得检出）。日本、欧盟标准也各不相同，加工出口企业须根据进口国的需求采购原料。因此，龙海市作为传统的双孢蘑菇的主产区和加工出口基地，相关企业有建立自己生产基地的迫切性。

二、食用菌产业转型升级的策略

1. 提高生产组织化程度，促进生产方式转变

进一步细化产业分工，推广企业+农户的生产模式，加强企业与基地（菇农）联系。建议在龙海市蘑菇主产区紫泥、榜山

等镇，推广企业制作的“隧道式”二次或三次发酵料，提高培养料的质量，尽量避免施用化学农药，提高蘑菇产量和品质，降低菇农生产风险，增加收益。在秀珍菇主产区九湖，尝试专业公司统一制作菌包，菇农负责管理出菇，保证菌包质量，降低污染率，提高产品质量，增加收入。

2. 加强与科研单位联系，为产业发展提供科技支撑

食用菌科学技术研究与开发，不仅包括品种选育、栽培技术，还包含深加工技术、美食开发等，须引导、扶持有条件的企业通过“产学研结合”方式建立科技成果转化中心或技术研发平台，如绿宝的“院士工作站”，加快科技创新、深加工及新品种、新技术的推广应用，延伸产业链条，提高附加值。

3. 打造高端产业生产区

以建设现代化双孢蘑菇工厂为契机，在土地、用电、财政等方面，参照其他省市做法，出台更多的优惠措施，引导本地资本回流，在有条件的乡镇优先打造高端产业生产区，带动全市食用菌产业转型升级步伐。

4. 发展融合产业

在有条件地方如双第农场，可以探索发展食用菌观光采摘旅游模式，叠加食用菌文化馆，将食用菌与生态休闲观光融合发展成一种全新的食用菌文化产业，宣传普及食用菌知识，引领食用菌产业全环节升级、全链条升值。

5. 重视品牌创建

品牌农业的革命是中国继家电、医药保健品、金融、互联网之后的第五次产业革命，初级农产品向餐桌食品的市场演变或许是品牌的最后一片沃土。为此，须挖掘差异，打造品牌，赢得市场。

6. 加大新品种新技术引进力度

搭建科研单位与企业的沟通桥梁，加大适销对路工厂化品种的引进，如绣球菌、灰树花等，改变工厂化品种较为单一现状。

第七章　如何提高龙海市农产品质量安全监管水平

近年来，农产品质量安全问题已经成为全社会广泛关注的热点和焦点问题，特别是继苏丹红、三聚氰胺、海南毒豇豆、蛋白精、毒豆芽、镉大米、瘦肉精等一系列事件后，人们无不胆战心惊。农产品质量安全问题，不仅关系到人民群众身体健康和社会稳定，而且直接影响农业和农村经济的发展。

第一节　龙海市农产品质量安全现状

近年来，龙海市农产品质量安全工作在市委、市政府的正确领导下，认真贯彻落实《中华人民共和国农产品质量安全法》，深入开展“农产品质量安全专项整治”活动，强化农业投入品监管，完善农产品质量安全组织管理体系、监督检测体系，稳步推进农业标准化基地建设。农产品农残检测力度逐步加大，检测范围由市场—超市—基地—农户，向源头转移，加强对农产品产前、产中、产后环节的监控，农产品质量安全水平稳步提高，近年龙海市未发生重大农产品质量安全事件。

一、农产品质量监管逐步制度化

每年龙海市农产品质量安全监督管理中心都会结合省、漳州市级下达的文件制订相应的工作计划和措施，先后开展了生猪安全专项整治、农产品质量安全暨农业综合执法年、农产品质量安全专项整治等多个专项整治活动。龙海市农产品质量安全监管工

作突出表现在“四个有”：一是认识有提高。为全面加强农业投入品的监管，不断提高农产品质量安全水平，龙海市把农产品质量安全工作列入了重要议事日程，与农业、农村中心工作同部署、同检查、同落实。二是有组织领导。成立了农产品质量安全工作领导小组，办公室设在农产品质量安全监督管理中心，贯彻方针政策、部署工作，研究解决问题，总结经验，推动了监管工作的顺利开展。三是有责任落实。实行了农产品质量安全工作领导责任制和单位分工负责制，明确分工，落实责任。四是有经费保障。监管工作经费纳入财政预算，购置检测仪器、检测试剂，配备检测人员，为开展农产品质量安全工作提供了重要保障。

二、农产品质量安全检测体系已具雏形

龙海市依托省、漳州市产业化项目公共扶持政策，初步建立起以市级检测站为重点，程溪镇、九湖镇、紫泥镇、海澄镇、东园镇、东泗乡、白水镇、港尾镇、隆教乡等9个乡（镇）级监管部门为辅及5个无公害专销区检测点为补充的农产品质量安全检测体系，主要开展无公害标识推广、水果蔬菜农药残留检测等。检测范围覆盖批发市场、大型超市、各生产基地，年检测各类蔬菜1 000多批次，农残超标控制在4%以内。2017年将把榜山镇、浮宫镇和双弟农场纳入监管体系，进一步提升监管力度。

三、农产品质量安全追溯体系正在形成

龙海市主要通过福建省农产品质量安全追溯管理系统公共服务平台这一信息化的手段，对农产品质量安全进行“数字化”“标准化”管理，为农产品建立“身份证”制度，以实施对农产品质量的追溯。目前龙海市共给企业配置农产品质量安全追溯系统终端设备34台，分别布设于全市34家种植企业和养殖企业，目前已全部进入规范管理中。

第二节　农产品质量安全工作存在的主要问题

一、农产品质量安全的主要问题

与此同时，龙海市农产品质量安全问题依然存在，主要表现为以下三类农产品污染问题。

1. 化肥、农药等残留污染问题

在我国过去五十多年的农业发展中，农业化学投入品的数量急剧增长，而且由于经济、技术等方面的原因，我国使用的农药品种大多数属于有毒有机物，其中有的还是国家已明令禁止的，这些毒性的残留对消费者的健康有很大的影响。

2. 化学添加剂超标问题

我国不少农民为争取果菜早上市，大量使用催生剂和激素，滥施化学剂，使农产品质量下降，造成水果、蔬菜、肉类口感和安全性较差，有的还含有对人体有害的成分，因此蔬菜、水果农药污染造成的急性中毒事件并不鲜见。另外，少数厂商见利忘义，不顾人们的健康，使用国家已明令禁止的添加剂加工农产品，造成如“瘦肉精”“毒大米”“金华火腿”等恶性事件。对社会、对整个食品行业造成极其恶劣的影响，使消费者在选购农产品时心存顾虑、缺乏安全感。

3. 重金属超标问题

随着人类生产和生活的不断进步，食物受到污染的机会日益增多，除由于食物意外地被大量农药、铅、砷等有害物质污染而引起急性中毒外，目前更受到关注的是少量化学污染长期通过食物进入人体而造成的慢性健康为害，如重金属铅、汞、镉、以及燃煤中的氟等，这些污染物可能在人体内长期蓄积而对人的健康造成各种慢性为害。

以上这些污染物大都是工业化的副产品，一旦进入食物链很难消除。同时，这类污染由于其污染的种类多、污染源多难以及时发现，对人体健康为害的性质又极为严重，如造成脑损伤、致癌、先天畸形等，从而会引起消费者的特别关注，甚至引起恐慌。

二、农产品质量安全问题的根源

1. 农业生产环境方面的原因

随着工业的不断发展，加上农民自身的非科学生产，农业生产的水环境、土壤环境、大气环境都不同程度地遭到了污染，在这种环境下生产的农产品很难"出淤泥而不染"。工业三废、城市废弃物的大量排放，造成许多有毒、有害物质渗入土壤中，饮用水中含菌量高、重金属含量高。由于污染，很多地方的粮食、饲料作物、经济作物、畜产品和水产品等农产品的质量受到影响。而农民喷洒化学农药等被认为是现代农业必不可少的手段也大大降低了农产品消费安全性。如今，即使是家禽家畜排泄的"有机肥"，与先辈时代的有机肥营养成分相比也早已大相径庭。有数据显示，每万头猪每年排泄物中就含有机砷类残留物 1 吨，这些有毒的"有机肥"常常是未经任何处理，就被用以施肥、或排入溪流，造成污染。农产品在种植和养殖过程中遭受致病性细菌、病毒和毒素入侵的污染。几乎所有种类的动植物在生长过程中都会受因管理不善而遭受不同种类有害生物入侵的为害，并对农产品自身生长、品质、品相产生较大的影响。在入侵动植物的有害生物中，多数可以预防和治疗，只有极少数人畜共患的有害生物才威胁人类的身体健康，如禽流感、猪链球菌、口蹄疫、寄生线虫、疯牛病等。有害生物也是造成农产品不安全的重要因素。

此外，农产品收获或加工过程中混入有毒有害物质，导致农产品受到污染。有些商贩在农产品采收、保鲜、贮藏、加工、运销过程中，人为地加入一些防腐剂、保鲜剂、催熟剂、着色剂等化学药剂。如用于催熟水果的植物生长调节剂具有雌激素活性，通过食物链进入人体后，会造成女性性早熟、男性性特征不明显等现象（称内分泌干扰效应）。甚至有少数不法奸商为获取经济利益的最大化，在产品中加入有毒有害物质坑害消费者。

2. 市场方面的原因

农产品批发市场销售主体比较多元化，既有农民，也有商贩；农产品销售也比较自由，既有批发，又有零售，还有转手倒卖，中小型马路市场。这种进货渠道多样化、销售主体多元化的农副产品销售市场，使得进货检查验收、索证索票、商品备案、质量安全等制度都难以建立、农贸市场比较混乱，市场准入制度不健全。很容易使不法分子钻空子，使得不安全农产品流入市场，为害消费者。与此同时，我国农产品质量标准体系尚不完善，检验检疫技术、设施落后，很多地方缺乏严格的市场准入制度，导致一些农产品没有经过任何检验检疫，就直接入市。

这种食品安全隐患一方面体现在传统批发市场。批发市场的职能在于通过买卖，把商品从生产者手中收购进来，然后再将其转卖给其他生产者或零售商。由于检测农药残留量等会影响农产品的进场流量，因此有些小批发市场在检测上就比较放松，甚至没有安全检测。缺乏有效的管理手段和机制，批发市场无法堵住问题农产品的进入。另一方面，食品安全隐患存在于农贸市场之中。以畜产品、水产品、蔬菜、水果等个体经营销售为主要形式的农贸市场，因销售场所简陋、卫生条件不具备，初级农产品极易腐败变质，要想杜绝假冒伪劣商品就更不可能了，使农产品安全成为问题。

3. 经营方式方面的原因

分散经营是导致农产品出现质量安全问题的另一诱因。农业

标准化是保障农产品质量安全的基础，只有确定科学的符合国际惯例的各类、各级农业标准，检测、评估和监督农产品质量才有依据。但是，标准的制定、修订和实施，需要有相应健全的执行组织作为保障，以确保统一和协调的实现。越是先进、精细和系统化的农业标准的制定与实施，就越需要有严密的组织作为背景，将农业标准用于对农产品进行质量安全管理，必须要有相应组织制度作出保障。目前，龙海市大量存在的分散的农业生产经营模式，组织化程度低，很难进行统一和协调，也很难动员所有成员共同遵守农业标准作出的规定。

龙海市的农产品市场主要是由大型农产品批发市场、超市、农产品专卖市场和农村集贸市场等多层次组成；而初级农产品的供应链条首先是千家万户的分散农户，大量的农副产品手工业加工者，再者是村镇农副产品加工企业和规模较大的一些农业产业化企业乃至于一些大型龙头企业；在流通领域里又存在着大量的农副产品收购商贩，较大型的农副产品采购商和批发商等。这些来自于不同地区、拥有不同种类、不同数量农副产品的市场主体或农产品供应者很难整齐划一地在同一个游戏规则——农业标准下发生市场行为。相反，大量上述市场主体都可能在利润最大化的目标下，尽最大可能地降低成本、规避监管。

4. 技术方面的原因

技术方面的原因具体表现在四个方面：第一，农用生产资料部门生产技术落后，生产不出低害、低残留、安全、高效的农业投入品，或能够生产但成本较高；农业生产者生产技术落后，农业设备落后，生产工艺粗糙，非科学使用农药、化肥、除草剂等。许多农民不能科学使用先进设备进行种植、加工，只能是在现有条件下，生产出他们自认为没有问题的农产品，忽视了质量安全，甚至根本没有质量安全的概念。比如，药液配合比例不当、喷药当后未过危险期便采摘上市等。第二，超量使用食品添加剂，甚至使用非法添加物从而引起食品安全问题。第三，农产品检验检疫技术落后，导致不安全农产品流入市场。我国虽然也制定了不少农产品和食品标准，但无论是标准的制定还是实施碰到的最大困难是对标准所规定的技术指标缺乏完善的检查体系和相应的评价分析仪器、普通市民更是无法用肉眼检测判断。第四，对于一些高科技产品，在产品投放市场之时，没有足够的科学依据证明其可能对人体健康产生负面影响，比如转基因技术、现代生物技术、益生菌和酶制剂等技术在食品中的应用等。

第三节　加大力度提高农产品质量安全监管水平

农产品质量安全事关人民群众身体健康，是应国家所急、现代农业所需、人民所盼的一项利国利民的公益性事业，因此，我们要进一步加大对农产品质量安全的宣传力度，使大家充分认识到农产品质量安全是构建和谐社会、确保人民安全的必然要求，是发展现代农业、增加农民收入的必然要求，是提高龙海市农产品市场竞争力的必然要求。

一、扎实构建三级农产品质量安全监管体系

要切实开展县、乡、村三级农产品质量安全监管体系，形成横向到边，纵向到底的监管网络。一是强化农产品质量安全行政监督管理职能。建议对农产品质量安全监管中心人员进行整合——实行一套人马两块牌子，负责辖区内农产品质量安全的监督、管理和协调等工作；建议在各农贸市场建立专门的农产品质量安全管理机构，负责农贸市场内农产品质量安全的监督、管理和协调等工作，确保农副产品农贸市场农产品质量安全；二是建设各乡镇农业“三位一体”公共服务体系。按照省厅的要求，建议尽快在各乡镇建立“三位一体”的基层农业公共服务体系。

要整合各乡镇农技机构人员、编制，在各乡镇建立集农业技术推广、动物疫病防控、农产品质量安全监管“三位一体”的乡镇综合农技服务中心。

二、建立健全农产品市场质量安全检测网络

突出农产品质量安全检测体系建设、监管体系建设和应急机制的建立。按照“健全队伍、配备设施、完善制度、提高能力”的建设要求，一是建好市级农产品监管站。依托省厅公共扶持政策建设市级质检站项目的基础上，积极向上争取项目资金落实，尽快启动质检中心项目建设，构建以市级质检站为骨干，乡镇、基地、市场、企业检测点为基础的农产品质量安全检测体系，进一步提升龙海市农产品质量安全技术保障能力。二是完善农产品质量安全监管体系。龙海市农产品质量安全监管中心牵头负责，各乡（镇）农技站设立监管员，村部设立协管员，建立市、镇、村三级农产品质量安全监管员队伍，构建与《农产品质量安全法》相适应的农产品质量安全监管网络；通过加强培训和考核，承担起农产品质量安全监督管理、宣传培训、指导技术等方面的职责。三是建立农产品质量安全应急机制。研究制定农产品质量安全应急预案，强化快速反应能力，有效处置突发事件，提高农产品质量安全重大事件的处置能力，确保一旦发生农产品质量安全事故时，能迅速启动应急预案，做到早发现、快反应、严处置。

三、积极推进农业标准化生产

农业标准化是推进农业结构调整，促进农业产业升级，加快现代农业发展的着力点。一是要把“农业标准化作为今后农业和农村工作的一个主攻方向”，牢固树立“没有标准化就没有质量，没有质量就没有市场，没有市场就没有农民的增收”理念。二是

要以创建现代农业示范区建设为契机，充分发挥龙头企业、农民专业经合组织的载体带动作用，积极创建标准化示范园区，提高标准化种养比重，加快农业标准化进程。三是要围绕龙海市现代农业示范基地建设，将农业标准化生产规程的修改、制定，生产技术的组装配套，新技术的推广应用等结合起来，加大农业标准化生产操作规程和技术的宣传、推广与标准化知识的普及力度，建立健全生产记录与档案，扩大标准化生产覆盖面。通过标准化示范园区建设，把企业化管理，标准化生产、品牌化经营等现代生产理念引入到农业中，为农产品质量安全监管提供扎实基础。

龙海市从 2016—2018 年，将在全市建设水果标准化示范区 20 个，其中，2016 年建设 6 个，2017 年 5 个，2018 年 9 个；示范带动全市 10. 5 万亩水果按标生产（指按生产技术规程组织生产），如龙海市美海杨梅科技有限公司，生产规模 450 亩（浮宫）；龙海市华业果蔬专业合作社，生产规模 300 亩（双弟华侨农场）。到 2018 年，累计在全市建设蔬菜标准化示范区 25 个，其中，2016 年建设 8 个，2017 年 8 个，2018 年 9 个，示范带动全市 12. 5 万亩蔬菜作物按标准生产（指按生产技术规程组织生产），如龙海市闽隆农产品专业合作社，生产规模 380 亩；龙海市豪晟果蔬专业合作社，生产规模 320 亩（东园）。2016—2018 年期间，在全市食用菌主产区域，建设 18 个食用菌标准化示范区（每年各 6 个）；示范带动全市食用菌采标生产 18 000 万袋（瓶），如龙海市绿缘食用菌专业合作社，生产规模 1 000 万袋/年（程溪）漳州新南盛生物科技有限公司（九湖），生产规模 2 400 万袋/年（九湖）。

四、建立安全优质的“三品”农产品生产基地

加强“市场+生产单位+生产基地”的衔接，建立稳定的产销合作关系。目前龙海市有建立好无公害农产品生产基地的样板

和扶持好的龙头企业，将会对农产品质量建设起到很大的带动和推动作用。帮助生产企业和生产基地申报无公害农产品、绿色食品、有机食品等“三品”基地的认定和品牌认证。农产品批发市场可向前延伸到基地、向后延伸到超市（专销区），开展加工配送或直供服务，实行全程质量安全控制。要做好这些，政府部门在制定政策时对其倾斜支持是必要的，并对进一步引导、推广农产品标准化生产，优质农产品基地和安全农产品生产的企业给予鼓励和支持。截至目前，全市通过三品一标认证企业共 43 家（其中：畜牧业 21 家，种植业 22 家），认证规模：畜牧 406.05 万头（万只/万羽），种植 613.92 公顷。

五、完善质量安全追溯体系，探索长效机制

围绕开展的农产品质量安全整治行动和“食品安全示范县”创建活动，建立长效机制，以推行生产档案制度为重点，完善质量安全追溯体系建设。在标准化示范区、专业合作组织、龙头企业中全面推行生产日志、科学用药、进货查验、购销台账等登记备案制度，指导建立健全生产记录、投入品记录、销售记录等档案。不仅从生产环节上把好质量关，而且为质量安全追溯提供准确的科学依据。在未来几年内，龙海市将建立更完善的可视可控可溯体系，通过智慧农业公共服务信息平台可实现 24 小时全天候监管。比如在大棚里安装摄像头，基地蔬菜、水果的播种、育苗、管理、采摘、包装等生产环节通过远程传输明明白白地反映在电脑显示器上，再借助智慧农业公共服务信息平台面向省市镇各级监管部门和广大客户开放，让消费者吃到“看得见”的放心食品，给农产品一张身份证，让消费者亲见农产品生产、加工和运输全程，吃得放心！

通过对农业生产、加工、仓储、电商、配送等各个环境的实时跟踪，实现对农产品整个产销供应链的信息可视化（图 7-1）。

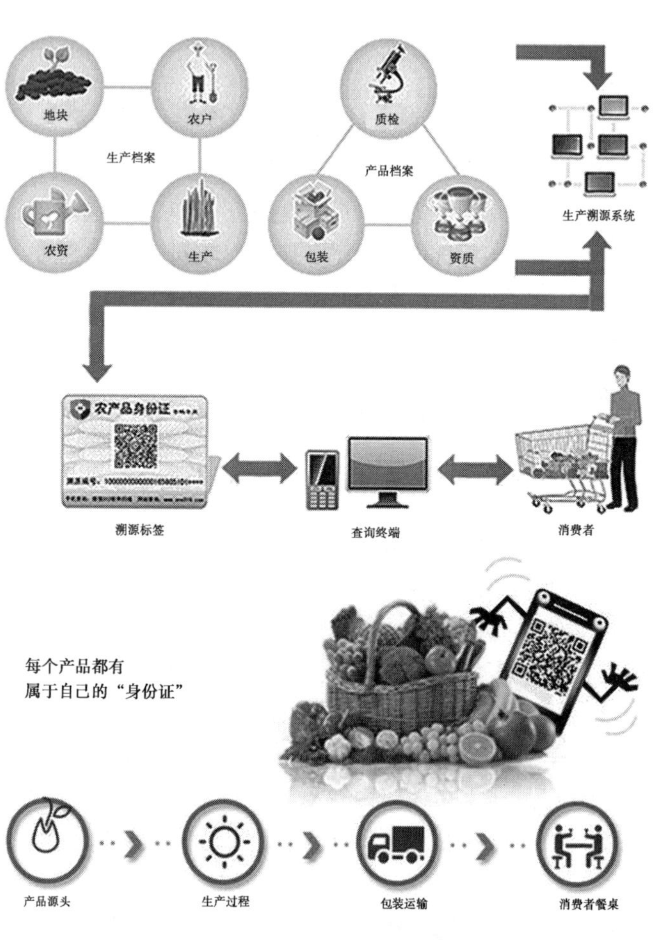

图 7-1　农产品质量安全及管理溯源系统体系

六、强化专项整治和监测评估，加强检测力度，确保质量安全

1. 深化突出问题的治理

深入开展专项整治，集中力量解决农兽药残留超标、非法添

加有毒有害物质、产地重金属污染、假劣农资等突出问题。

2. 严厉打击农产品质量安全领域的违法违规行为

3. 强化检验监测和风险评估，不断扩大例行监测的品种和范围

4. 落实应急处置职责任务，加快地方应急体系建设，提高应急处置能力，保护消费安全，促进产业健康发展

龙海市全年安排蔬菜农药残留速测合计 1 040 份，其中元旦 120 份，春节 120 份，“五一” 200 份，国庆 200 份，蔬菜生产季节及平时检测 400 份左右。速测的蔬菜样品要求以生产基地为主，配合市场抽样。抽检方式以随机抽样和送检相结合。对发现的不合格蔬菜依法进行处理，确保不合格产品不流入市场。

七、加大监管力度，确保百姓舌尖上的安全，构建和谐幸福的龙海

近年来，龙海市人民政府以科学发展观为指导，认真贯彻实施农产品质量安全法，高度重视农产品质量安全，本着对人民群众健康认真负责的态度，始终把农产品质量安全作为一项重要的工作来抓，着力加强“从生产到市场再到餐桌”的质量安全监管力度，大力开展农产品质量安全建设，以强化农业投入品监管为突破口，严厉打击高毒、高残农药的非法销售经营行为，为农产品质量安全保驾护航；以无公害、绿色、有机食品产地认证和产品认定工作为载体，积极推进农业标准化生产和品牌建设；不断理顺农产品监管体系，进一步明确各职能部门的工作职责，强化目标任务的分解落实，力求促进农产品质量安全工作的全面提升，真正做到权为民所用，利为民所谋，确保百姓舌尖上的安全，构建和谐幸福的龙海。

第八章　全力推进龙海市水稻生产全程机械化

第一节　龙海市水稻生产全程机械化的优势、问题及措施

一、龙海市农业机械基本情况

2016 年全市农机总动力 372 018 千瓦，其中拖拉机保有量 2 090 台，动力 25 315 千瓦；联合收割机 9 台，动力 301 千瓦；排灌动力机械 6 190 台套，动力 23 020 千瓦；水产养殖增氧机 29 414 台，动力 38 970 千瓦；大型谷物烘干机 11 台，机动水稻插秧机 91 台，水稻工厂化育秧设备 18 套。

二、水稻全程机械化生产的优势和效益分析

1. 水稻机械化播种、育苗方面的优势

利用“水稻种子高温破胸机”破胸催芽，能够准确地把温度控制在 38℃左右，使水稻种子的生理活动在最旺盛期，破胸迅速而整齐，最大化地满足水稻种子催芽的“快、齐、匀、壮”技术要求，从而可以有效地提高水稻产量。而传统的破胸方法，一般是在农家的火炕上，通过烧火来增加温度，温度控制不准确，还有很高的经验要求，费时、费力，且种子破胸慢并不整齐，影响水稻发育。机械化育插秧将节省水稻育秧环节的农用薄膜及农药、化肥的使用量，减少了白色污染，同时在育秧时药剂浸种、秧苗移栽前施用了送嫁药，减少了以后大田的农药施用，

甚至达到不用农药防治，降低了粮食的农药残留，有利于人民群众的身体健康。

2. 水稻机械化耕整地方面的优势

现阶段龙海市的水田耕整地已经全部实现了机械化。

3. 水稻机械化插秧方面的优势

机械化插秧最大化地提高了水稻插秧的工作效率。近几年，在龙海市的水稻机械化插秧推广的效果显示，机械化插秧费用每亩为 180 元，人工插秧费用为 250 元，每亩水稻插秧生产减少费用支出 70 元。机械化插秧能够做到浅、直、匀、牢，水稻返青早、通风效果好、增加光照效果、不宜倒伏、增强水稻抗逆性、增加水稻分蘖，十分适应水稻作物生产的农艺要求。达到增产的目的。经过测试机械化插秧与人工插秧比较可以增产 3%，增加产值近 40 元/亩。

4. 水稻机械化收获方面的优势

传统收获水稻需要收割—晾晒—将收割下来的水稻运到脱谷场—脱谷—装袋运回家 5 个步骤，最少 4 天时间，如果遇到雨水多天气，还要延长。如果这些工序雇人来完成，一亩所需要的成本是：收割 80 元，运输 60 元，晾晒 100 元、脱谷 50 元，仅此几项就需要 290 元，而且在运输、脱谷过程中，每道工序都要损失粮食，五道工序下来，损失率要在 5%以上，而且费时费力。机械化收获水稻只需要收割和运输两个过程，一亩收割费 120 元。因为直接拉稻粒，一亩运输费只需 20 元。机械化收获水稻，从收割到粮食运到家，加上每亩水稻的烘干费用 100 元/亩，只需总费用 240 元，省下了很多人力、物力和时间。而且，机械化收获水稻只有 3%的损失率，按 2016 年全市水稻平均产量 500 千克计算，相当于增产 15 千克水稻，按水稻收购最低价格 2. 8 元/千克计算，可多收入 42 元/亩，再加上收割省下的 50 元，可多收入近 92 元/亩。另外机械化收获水稻一小时可收 5 亩水稻左右

(以久保田 PR0488 为例)，大大缩短了农时，水稻可以提前上市，这时的水稻价格要比平时高 0.2~0.5 元/千克，利润相当可观，社会效益显著。水稻全程机械化生产可以解放部分以水稻生产为主的农村劳动力，使部分农民从农业生产中解放出来，发展养殖业、农产品加工业、保护地种植业等行业，促进农村产业调整。同时，一部分农民可以外出打工，参加城市建设和出国劳务，改变农民靠土地吃饭的传统，增加收入，改善生活。

水稻生产全程机械化技术的推广，推动了农业机械研发和生产的发展。农机研发部门和农机生产企业将按照农民的需求加大研发的投入，研制出适合农民需要的先进的新技术、新机具。由于购买力的增大所带来的经济效益，一定会加快农机科技成果的转换速度。先进的管理工艺，水田组合机具的研制与推广，实现免、少、浅耕、施肥、插秧一体化作业，改善土壤环境，生态效益明显。

三、推广水稻生产全程机械化面对的问题

1. 农民的认识不足

传统的水稻种植方式在农民的心里已经根深蒂固了，水稻全程机械化生产在增产、增收方面又不能在很短的时间就突显出来，要经过多年的产量对比。在机械化插秧方面虽然体现出明显的经济效益，但是在育秧方面的要求很高，需要农民部分改变育秧方式，农民主观上存在怀疑心理。一些水稻生产机械一次性投入大，成本收回期长，水稻机械市场上的价格混乱、信息网络不畅，使农民对购买机具怀有观望的心理。

2. 产、学、研、推紧密联系不够

目前各个农业机械生产厂家没有认识到水稻生产者对先进的水稻生产技术和水稻生产机具渴望。农机生产厂家在水稻生产机具上的投入不足；农机研究部门研制出的先进生产机具没有及时

的转换为产品；各个农业院校和农业培训组织对水稻生产机械技术培训工作重视不够；农机推广部门没有及时的把先进适用的水稻生产机械推广到农业生产中。产、学、研、推各个部门各自为战，没有行成合力，制约了水稻生产机械的发展。

3. 政府扶持力度不强

近年来，政府虽然加大了在水稻生产机械化的投入力度，但是还没有达到快速发展水稻全程机械化生产的要求。农机推广经费严重短缺，农机技术推广举步维艰。没有真正意识到推广水稻生产全程机械化技术的重大意义和历史责任。在购机补贴方面省、市主管部门对水稻机械的倾斜力度不够，没有最大化的满足农民的需求。

四、推广水稻生产全程机械化的措施

1. 加强推广力度

农机推广部门确定水稻生产机械化的技术路线和技术模式，提出适宜本地实际的水稻生产全程机械化技术规程或标准，积极推广适应当地水稻生产的机具；大力扶持水稻机械化生产作业大户、专业合作社、股份合作公司等社会化服务组织，以市场为导向，服务为手段，不断探索新的发展模式，培育新的市场主体，推广先进的典型经验，推进水稻全程机械化生产作业服务向专业化、市场化、社会化方向发展。注重农机和农艺相结合，成立农机与农艺结合的专家组，建立合作机制，共同做好技术指导，农机推广部门和农艺部门要紧密合作，使农机技术和农艺技术相互适应，发挥优势，加快推动技术普及和应用。

2. 加强宣传信息沟通

加强对水稻生产机械化优势进行宣传，提高农民对水稻生产机械化的认知度和购机欲望；加强对水稻农机合作组织的典型经验进行宣传，将市场信息传递给农民，引导农机大户和农机合作组织开展经营生产，推动农机服务专业化、社会化、企业化，充分发挥水稻生产机械在水稻生产中的作用；加强对水稻生产机械购置补贴和扶持政策的宣传，让农民真正了解国家的政策，增加农民的购机信心，提高水稻生产机械的保有量。

3. 加强技术培训指导

农机推广系统要积极围绕农业生产和农机化发展的要求，及时了解掌握农民的需求，一方面引进专业人才，另一方面要加强对专业技术人员的培训，培养一批素质高、懂技术、会传授、能示范的农机人才，推动龙海市水稻生产机械化的发展。同时，也要对不断发展的农业机械技术进行深层次的探索，把适合龙海市水稻生产的农业机械进行深入的研究和学习。

4. 加强政策扶持

引导社会资金、涉农企业、农机服务组织等加大对农机化的投入力度，优化农业机械与调整农业布局并举。通过土地整理、农业开发来加强农业基础设施建设，优化机耕道、排灌等配套设施建设，完善农业生产配套设施，提高机械化作业条件。

在国家购机补贴不断增加的同时，要增加对水稻生产者给予政策和经济上的扶持，让一部分水稻生产农机大户迅速壮大起来，扶持建设农机专业合作组织。农机专业合作社是优化农机结构的载体，也是实现全程机械化生产的龙头。通过技术培训、传授农机化新技术、提供农机化新信息等多种形式提高从业人员的综合素质，建设新型农机专业化队伍，推动水稻生产全程机械化发展。农机管理部门要积极落实配套资金，并整合其他项目资源、形成合力，集中财力，做大做实，促进水稻生产全程机械化推广工作不断深入。

总之，推广水稻生产全程机械化是实现农业现代化的必由之路，是降低粮食生产成本、解放农村劳动力、促进农民增收致富的根本保障。以推广水稻生产全程机械化示范区建设和发展壮大

农机专业生产合作组织为基础，通过农机推广工作的开展，预测未来3年龙海市的水稻生产全程机械化水平将达到80%以上。

第二节　水稻工厂化育秧和商品化供秧的推广

一、水稻工厂化育秧技术设计

1. 主要技术内容

水稻工厂化育秧一般包括选择育秧方法和种子处理、苗土准备、秧田准备、联合播种、秧苗管理等环节。

（1）床土配制。床土分底土和覆土，分别对其进行消毒、培肥、调酸处理，提高床土的有机质含量，保证土质疏松。土壤颗粒细碎，直径2.5毫米的颗粒占70%以上，其余的为2毫米以下，不得有石块杂物。床土pH值控制在4.5~5.5，含水量不超过10%。由于南方地区春季雨水多，空气中湿度大，床土宜上年秋冬季进行采集、晒干粉碎、并贮藏干燥通风处。床土配制在试验推广阶段可用手工进行碎土筛选，大面积推广应用阶段，则须使用粉碎机进行碎土作业。床土用量：使用机插软盘每盘需1千克，用土量很大。

（2）育秧穴盘准备。工厂化育秧一般使用硬盘，按每亩20~22盘，可以循环使用多次。

（3）种子处理。主要包括选种、浸种、消毒等前期处理。水稻种子的消毒、浸泡及破胸催芽作业的机器，是水稻工厂化育秧不可缺少的设备，一般由盛种装置、自动循环水系统和自动控温系统三大部分组成。受限于资金和降低成本的需要，也可用传统方式浸种，利用温室控温催芽。早季本地一般用温水浸种12~24小时，过滤水后用塑料布包住，外加灯泡照射的方法进行破胸催芽。在播种前，要经过脱水，使稻种达到外干内湿程度，保证播种均匀度，简易工厂化育秧可以不使用该设备，如水分仍多，可稍加晾干，或掺伴细土降低水分。

（4）流水线上的联合播种作业。包含播土、播种、覆土、淋水作业，其设备为联合播种机。播种作业是水稻工厂化育秧的一个极为重要环节，它包括水平传送秧盘、铺撒床土、刷平床土、喷水、播种、覆土、刮土等流水线作业。

（5）温室控温催根立苗。该环节是将已经播种覆土后的苗盘在秧架上叠放后，在温室30℃的蒸汽恒温条件下，经过48小时，使盘内种子长出10～15毫米白色嫩芽。采用加温加热装置和温控器是工厂化育秧不可缺少的设备，但简易工厂化采用秧盘叠高集中堆放在大棚中，并盖上塑料布进行保温催芽。

（6）炼苗管理。简易工厂化育秧盘采用大棚炼苗，也可采用田间小棚炼苗一般经过6～8天后即可揭膜露绿，期间须加强发芽出苗的观察与管理，营造秧苗生长的良好环境，控制好温度和水分，并适时催化炼苗，使培育的秧苗整齐健壮，为大田栽植提供素质优良的合格秧苗。

2. 工厂化育秧实施的关键技术

（1）床土的选择与调制。本项目选取本地非常丰富易取的山上红壤土做为苗床土。为防止土中夹带的石头等杂质在插秧机工作中卡住机器、损坏机器，所以必须进行清选，主要方法是苗床土过筛除去石子、枯枝烂叶等。

过筛清选后的床土为更有利于水稻苗的生长还要做好调酸、消毒和施肥，调酸可用壮秧剂或固体硫酸调酸，床土的适宜pH值为4.5～5.5，以利防治立枯病等发生，培育壮苗。旱育秧一般加复合肥5～15克/盘，其中早稻10～15克/盘，单季稻和晚稻5～10克/盘，复合肥一般不超过20克/盘。也可采用加壮秧剂育苗。但覆盖土使用的红壤土不能添加壮秧剂和肥料。

（2）选择优良品种精细播种。选择适宜当地机插秧种植的

水稻优良品种，如特优-63、协优1394、常规稻佳福占，根据机插秧特性合理安排播种期，在播种前按要求进行发芽试验，要求种子的发芽率在85%以上。杂交稻一般用清水选种，常规稻用比重1.13的盐水选种或机械选种。播种前做好种子处理，催芽要求高温（30~32℃）破胸，露白后晾芽后可播种。

采用自动育秧生产线播种，实现稀播壮秧。中稻和晚稻，杂交稻播种量控制在60~80克/盘，常规稻播种量80~100克/盘。早稻，杂交稻播种量控制在70~90克/盘，常规稻播种量90~110克/盘。

水稻育秧流水线作业流程是：装土→播种→撒水→覆土→叠盘催芽。在早、中、晚三季的做法上不同。早季温度低，叠盘要高一些以利催芽，一般高度可叠40盘，每次生产结束后把所有的苗盘整齐堆放在一起，并用一大张的塑料布覆盖，2~3天后观察中上层的苗盘的稻芽露出土面时，就可以转移到大棚摆盘。而中稻温度较高，所以，叠盘不能太高，一般不高于20盘，并且不宜把太多的苗盘推在一起，并且不用在上面覆盖塑料布。一般隔天就可转移到大棚摆盘。而晚季，一般要求当天就要转移到大棚摆盘，以防高温烧伤稻芽。

（3）调温与炼苗。流水线生产出的已露芽的苗盘可以在大棚培育，也可在大田小棚培育，根据当地的具体情况选择小棚、中棚或大棚，寒地稻区一般用大棚或中棚育秧，空气容量大、昼夜温差小，避免早期低温对育苗的影响。中棚棚宽5.0~6.0米、高1.5米、长30~40米，大棚棚宽6.0~7.0米、高2.2~2.7米、长60米。如遇35℃以上的温度，应打开秧棚两侧通风降温，在下午4~5时关闭通风口，保证棚内在32℃以下，最低温度不低于10℃。出苗后棚内的温度要控制在22~25℃，最高不超过28℃。插秧前要根据天气及棚内温度情况，多设通风口，及时炼苗。炼苗白天温度一般不超过20℃，夜间一般不低于10℃。

（4）适龄壮秧培育和矮化。培育适合机插秧苗，秧苗应根系发达、苗高适宜、茎部粗壮、叶挺色绿、均匀整齐。插秧机秧苗多为中苗，一般南方早稻要求秧龄30~40天，叶龄4叶左右，适宜苗高15~18厘米。秧苗要求均匀整齐、根系盘结、提起不散。2叶1心时看苗施断奶肥，促使苗色青绿，叶片淡黄褪绿的秧苗，亩用尿素4千克（或硫酸铵8千克）左右，叶色较正常亩施尿素2~3千克（或硫酸铵4~6千克）。

早季，秧苗喷施生长调节剂多效唑，可促蘖控长，增加秧龄选择性。中晚季，由于温度高，秧苗生长快，要注意控制高度，一般在秧苗1~2叶期喷1次多效唑溶液，每亩秧地用15%多效唑可湿性粉剂150克对水75千克，均匀喷施在秧苗上，可延长秧龄10天以上。

（5）病虫害综合防治。立枯病是机插秧育秧时需要重点防治的病害，受立枯病为害时幼苗茎基部先变黄至黄褐色，严重时腐烂软化，全株青枯或变黄至褐色枯死。机插秧一旦受到水稻立枯病为害，常造成机插秧苗数量不足，漏插严重时需人工补栽。立枯病防治，首先做好床土配制及调酸工作，把pH值调至6.0以下；其次对土壤进行消毒，可用70%敌克松600~800倍液于播种前喷湿苗床底土、播后喷湿盖种土，底土和盖种土各喷1次；在秧苗1叶1心至2叶1心期，用70%敌克松600倍液进行叶面喷雾1~2次。提倡带药机插，即机插前喷施农药。

在虫害防治方面，主要采用物理方法，即在每个大棚或放置2台太阳能灭虫灯，或在秧田每亩放置1台通过太阳能灭虫灯。通过观察，基本没发生虫害，即使是晚季也没有。但为保证机插到大田的幼苗不受到虫害影响，提高防虫效果，在机插前2~3天喷一遍瑞士进口药“福戈”做为“送嫁药”，一般每亩用“福戈”2包（每包4克），对水40千克喷施。

（6）机插大田准备及插秧机调整。机械插秧机插前做好整

地工作，田面力求平整，一般沉实 1~2 天后机插，有机质含量高的田块沉实 3~5 天后机插。一般相对手插苗，机插苗较幼嫩，很容易被福寿螺吃掉，所以，机插前要撒福寿螺药，防治福寿螺的药剂和使用方法：用喷雾的方法施用 70%杀螺胺 WP，每亩剂量为 30~40 克；用 50%杀螺胺乙醇胺盐 WP 每亩施用 60~80 克，25%杀螺胺乙醇胺盐 WP 则每亩施用 120~160 克，施用方法可以喷雾也可撒毒土；或者用6%四聚乙醛或5%四聚乙醛，用撒毒土的方法每亩使用 40~60 克；也可选择 45%三苯基乙酸锡 WP，用喷雾法每亩施用 40~60 克。

根据水稻品种与组合选择适宜种植密度。常规稻机插行距 30 厘米、株距 12~16 厘米，每丛 4 株左右，每亩大田 1.4 万~1.8 万丛，每亩栽秧苗 20~30 盘。杂交稻机插行距 30 厘米、株距 17~20 厘米，每丛 2 株左右，每亩大田 1.1 万~1.3 万丛，每亩栽秧苗 15~20 盘。机插漏秧率要求低于 5%。机插后灌好扶苗水，防败苗促进秧苗早返青。

（7）机插秧田的管理。肥水管理根据水稻机插秧生长特点合理施肥和控水，培育机插秧高产群体，实现机插高产。根据水稻目标产量及稻田土壤肥力，合理制订施肥量，以达到合理控制群体目标，双季稻注意重施基肥和分蘖肥，以保证有效穗数，看苗适时适期追施穗粒肥，亩产 500 千克水稻，每亩施用氮肥 12 千克，氮、磷、钾比例为 1∶0.3∶0.7。水分管理采用好气灌溉，即插秧时灌寸（3.3 厘米）水，便于返青、活棵；施肥除虫时灌寸水，以水带氮提高肥料利用率，提高除虫效果；孕穗开花期灌寸水，防止颖花退化；分蘖期间、穗形成期和结实期以浅水和湿润灌溉，干干湿湿；移栽后 20 天左右够苗时排水烤田，后进行间歇性灌溉，直至成熟前一周排干水。根据当地植保部门的病虫测报，做好化学防治，控制病虫害发生。

二、设备引进及安装调式

1. 育播种设备

经多方考察了解，反复筛选，云马农机 2BL-280A 型水稻盘育秧播种机比较适合龙海市推广，该产品是一种高效自动化盘育苗播种设备，集铺土、洒水、播种、覆土等功能于一体，可一次性完成水稻盘育秧播种的各道生产工序。它采用螺旋排种专利技术，改传统直线排种为螺旋排种，实现了螺旋交替充、排种，大大提高了播种均匀性，具有播量调节方便，小播量精密播种均匀高等优点，可用于常规稻、杂交稻和超级稻的育播种。它是一种新型、实用的工厂化育播种设备，是移载育苗的关键技术装备。其外型尺寸为：6 800 毫米×590 毫米× 1 130 毫米，整机重量 190 千克，总功率为 360 瓦，每小时可生产 600~800 盘。

该机具有安装简便、性能可靠、操作简单的特点，且运输方便，整机分为 3 段，即铺土、洒水段、播种，覆土段和接盘延长段。工作时只需将 3 段按顺序连接在一起，放置于平整的地面，用紧固螺丝固定好，装上接种盒，接上水管，插好随机附带电源线即可运作，在作业前要对各个传动部件加注润滑油。

2. 辅助设备

为了最大程度节省劳力，发挥育秧生产线的最大优势，购置了浙江一鸣农机生产的 5XY-40 型圆筒式床土整理筛选机、上土机、YM-0816 秧盘叠盘机。应用以上辅助设备可节约劳力 3 人以上，大大提高了工作效率和劳动强度，实现真正的工厂化流水线作业。

三、运秧解决方案

传统的机插秧都在秧田周围培育，不考虑运输，但工厂化育秧的运输却是关键，装运快速高效才能使工厂化育秧实现规模

化，远距离运送，扩大服务半径。把育好的秧从育秧大棚运输到大田装上插秧机上供给插秧机作业，流程是：起秧卷秧→装箱（一箱中箱底放四盘卷秧，上面平铺一盘共放五盘这适合于长）→移出秧棚（秧田）装车运输到田头机耕路→人工挑运至插秧机。运秧过程，从育秧工厂到大田使用一般使用农用车进行运输较好解决。而从育秧大棚把秧般出来装车，传统用人挑，工作人员在近百米大棚内来回搬运效率低，人工成本高，所以在实施中我们尝试用田园管理搬运机来运输，在秧棚软泥地有很好的适应性，很好替代人工，提高效率降低成本。而装秧的专用箱我们通过多方尝试，最终选用硬质塑料框来解决。用硬质塑料框装秧不会对秧苗产生损坏，还方便搬运，叠放装车，目前，一农用车一次可运送的秧苗可达 20 亩以上，机插秧的运输成本降低很多，并可以实现百千米以上的远程运秧，商品化成为可能。

四、推广宣传与商品化育秧营销

1. 现场会与演示会

工厂化培育出的机插秧与传统手插水秧有较大区别，培训技术人员是该项目成败的关键，所以，今年我们首先组织合作社内部插秧机手成员进行经验交流，对于在实际操作中遇到的各种问题大家面对面交流；开展“传、帮、带”，以老带新、以优带差，提高社员的综合素质，为水稻育插秧示范基础的建设培养了一批骨干中坚力量，以利于今后为龙海市水稻全程机械化生产提供优质的机插服务。另外，在市农机站的支持下，在早、中、晚都召开了现场演示会，召集近地农民以及各乡镇农机、农技人员到场观摩，扩大推广效果，据估计，三场与现场会参观的群众多达 2 000 人以上，涉及九湖、海澄、东园、浮宫四个乡镇。

2. 商品化秧苗营销

秧苗从工厂化育秧中心出来后，只能销给具有机插能力的用户，并且秧苗具有一定生长期，超期的秧苗插到大田后可能造成早衰减产等不良后果，所以该项目的商品秧采取定单式营销办法，用户需提前预订。为保证其效果，商品秧的营销采用全程一条龙服务的办法，由工厂化育秧中心提供技术可行的机手为农户提供代插机手，确保秧苗育得好，也要插得好，让用户满意，省事、放心。

第九章　农资的正确选购、科学使用与维权

第一节　农资的正确选购

俗话说："人误地一时，地误人一年。"

每每进入农忙季节，农民都在精心伺候着自家的一亩三分田。要想有个好收成，除了天时、地利、人勤之外，还得农资帮忙。因此，农药、化肥、种子等作为重要的农业生产资料，对农民增收、农业增效影响巨大。

然而，假农药、假化肥、假种子混入市场，摊上哪一样，农民一年的辛苦和汗水都会化为乌有。

一、农资销售陷阱

农民朋友购买农资时，要注意以下陷阱。

陷阱一："游商"坑农

游商小贩利用农业执法部门上班前（或下班后）的时间，三五个人一伙一车，直接把农资产品送到了农民家门口、田间地头，对于农民来说可就地购买，非常便利。有时他们还以市、县农业、科技、科协等部门的名义，打着"最高科技产品"的旗号，在村里"忽悠"一阵，收钱卖货一会。再看势头下降，急忙收拾摊子离开。这些小贩一般都没有正规的经营手续，"打一枪换一个地方"，出问题后找不到责任人。

陷阱二："低价"骗农

不法商贩"挂羊头卖狗肉"，以"低廉"的价格销售同一个农资品种。但"天下没有免费的午餐"，他们销售的农资或"短斤少两"，或"含量不足"，或"假冒伪劣"。农民朋友购买后，一定会得不偿失。

陷阱三："专家"忽悠

在一些人口密集的大村，经常会来一些"专家"讲课，打着"某某农科院""某某研究所"专家的名义，带着农资现场推广、销售。而他们推介的农资产品并不一定能给农民朋友带来好的收益。也有部分"专家"所讲的只是"一家之言"，并没有权威性。

陷阱四："赠奖"设套

有一些地方经销商，把多年积存滞销的农资产品，进行"改头换面"，制成非"本品"产品，利用农民"贪便宜"心理，另外购买一些实用品（如锅、伞、雨披等），采取"以赠奖促销"的办法，其实这只是"羊毛出在羊身上"的一种手段。农民朋友购买使用后就知道是"上当"了。

陷阱五："名牌"下乡

一些部门为了利益，常常不负责任地出售评比"农资评奖牌"，扯虎皮做大旗，也有些"农博会"乱举办有偿评奖活动，只要生产厂家交上一定"现金"，即可被评为不同奖项的"名牌"。只是这些"名牌"仅在各厂家的"展室"内，并不是农民朋友真正认可的名牌。

陷阱六："假广告"欺骗

目前假劣农资广告业充斥媒体，叫人真假难辨。农友在选购时千万不要只认"广告"，哪怕天天在电视上见到它，也不可全信。无论其广告做得多么凶，宣传成本都加到产品里了，价格死贵，如有必要可选试验后再推广。

陷阱七："托儿"演双簧

不法分子组团"骗钱"，发挥"托儿"的作用现身说事，或现场购买。当有一些农民购买农资后，这个团伙随时组织逃走分赃。

陷阱八："村干部"推销

一些农资厂商利用村干部的威信，在村里推销肥料、种子或农药，其实是他们给了村干部好处，借村干部的影响销售产品，这些产品质量没有保证，他们赚钱走人，等发现问题时，村干部也负责不了。

二、科学购买农资

农资质量直接关系农业生产的收成，也直接关系到农产品的质量安全和群众的生命健康。因此，请农民朋友们在购买农资时，面对"免费午餐"要警觉，不贪图小便宜、不信天上会掉馅饼、货比三家，注意做到："五要、五不要"。

1. "要"看证照

要到经营证照齐全、经营信誉良好的、专营的、合法的农资商店购买。

购买农资时，要先看经营者是否有营业执照，正规农资公司、商店、农资连锁店都有营业执照和相关的许可证，并悬挂在明显处。在使用农资时难免会出现药害、肥害等问题，出现这些问题可以找经营者，到正规的、信誉良好、价格合理、有经营资格的合法农资门市购买农资，方便找经营者，采取一些补救措施，减少损失。每个集镇都有正规农资门市，正规农资门市都有营业执照，大部分农药店甚至有危险化学品经营许可证；购买种子要选择有"农作物种子经营许可证"或者其设立的分支机构和书面委托的代理商；兽药店有兽药经营许可证和营业执照。千万别贪图小便宜或者图方便心理，就近从一些进村入户的个体经营者或小商小贩手中购买廉价的农资，致使上当受骗，出现问题时无法找经营者。

"不要"购买流动商贩和无证经营的农资。

2. "要"看标签

要认真查看产品包装和标签标识上的登记证号、批准证号、产品名称、生产厂家、厂址、生产日期、有效期、产品说明等事项，查验产品质量合格证。

要认真阅读说明书，看懂标签内容。购买农资时要仔细查看产品的外包装、商标，看是否有生产企业、厂址、合格证、生产日期、保质期、使用说明等。正规合格的农资商品使用的包装印刷字迹清楚、包装物整齐耐用且封口严实，包装物内附有合格证。不要购买商标破损、标识不清或者标识不全的农资商品，不要购买三无（无登记证号、质量标准、生产批准证号）产品和有效期过期产品，使自己的农业生产受到损失。

（1）查看农药标签。农药标签应标有农药名称（2008 年 7 月 1 日开始用通用名；吡虫啉、三环唑、氯氰菊酯）、生产企业名称及联系方式、有效成分及含量（根据有效成分及含量配制浓度）、农药类别、剂型、净重量、适用作物、防治对象、使用方法（选择与适用作物、防治对象一致的农药，不要购买与适用作物、防治对象不相符的农药，当有几种产品可供选择时，要优先选择毒性低、残留小、安全性好的农药产品）、毒性标志、安全间隔期、中毒急救措施、注意事项、贮藏运输方式、生产日期、生产批号、有效期（一定选择有效期内的产品）、还标有三证（登记证号、质量标准、生产批准证号）等。农药登记证普遍以 PD 或 LS 开头，卫生用的农药以"WL"和"WP"开头。以 PD 开头的表示正式登记，有效期 5 年，有效期满可以续展登记；以 LS 开头表示临时登记证，有效期 1 年，有效期满可以续展登记。每一生产企业生产的农药登记证都不一样，登记证代表每个厂家

生产的每种农药的“身份证”。如高效氯氟氰菊酯，登记证号PD20130749，生产厂家陕西康禾立丰生物科技药业有限公司，有效成分高效氯氟氰菊酯7%，中等毒、适用作物甘蓝，防治对象菜青虫。

（2）查看复混肥标签及注意事项。复混肥料的包装袋应为双层，外包装应标明产品名称、肥料登记证号、产品标准证号、有效成分名称及含量、净重、生产日期、生产批号、保质期、产品适用作物、适用区域、生产企业和地址。优质肥料颗粒应一致，无大硬块，有手抓半把复混肥搓揉，手上会留有一层灰白粉末并有黏着的感觉，水溶性好，浸泡在水中绝大部分能溶解，即使有少量沉淀物，也较细小。肥料临时登记证有效期1年，正式登记证有效期5年。如登记证为农肥准字653的含氨基酸水溶肥料，有效成分氨基酸=100克/升，Cu+Mn+Zn+B=20克/升，适用作物白菜。另外，对经农田长期使用，有国家或行业标准的下列产品免予登记：硫酸铵、尿素、硝酸铵、氰氨化钙、磷酸铵（磷酸一铵、二铵）、硝酸磷肥、过磷酸钙、氯化钾、硫酸钾、硝酸钾、氯化铵、碳酸氢铵、钙镁磷肥、磷酸二氢钾、单一微量元素肥，高浓度复合肥。

（3）查看种子标签及注意事项。种子标签应当标注作物种类、种子类别、品种名称、产地、种子经营许可证编号、质量指标、检疫证明编号、净重量、生产年月、生产商名称、生产商地址以及联系方式等。主要农作物种子（水稻、小麦、油菜、玉米、棉花、大豆、马铃薯、甘薯、茶叶）应有种子生产许可证编号和品种审定编号。福建地区农民购买主要农作物种子和品种审定号应为国审★★★★★★★★号或闽审★★★★★★★★号，如金优028审定编号闽审稻2009001，适宜福建省稻瘟病轻发区作早稻种植；特优9846审定编号国审稻2009001，适宜在海南、广西壮族自治区南部、广东中南及西南部的平原地区、福建南部的稻瘟病、白叶枯病轻发的双季稻区作早稻种植。

"不要"盲目轻信广告宣传和商家的推荐。

3. "要"购买合法农资产品

"不要"购买非法和国家禁用的农业投入品。

4. "要"索取票据

要向经营者索要销售凭证，并连同产品包装物、标签等妥善保存好，以备出现质量等问题时作为索赔依据。

购买农资时，一定要向经营者索取发票或者其自己印制的销售单据，让经营者签名并保存到没发现药害、肥害等问题为止，确保发生纠纷时有充分的证据，是我们农户维权的依据。也可以看经营者有无规范的进货台账，正规的农资公司、商店、连锁店都有进货台账，进货渠道正规。

"不要"接受未注明品种、名称、数量、价格及销售者的字据或收条。

5. "要"学会鉴别。

"不要"贪小便宜。

第二节　科学使用农资

为农业生产持续健康发展，提高农产品质量安全，希望农民朋友能够科学使用农资自觉应用农业生态生产技术，减少农业化学品投入量，减轻农业面源污染。

一、减少农业投入品用量

大力推广应用生态农业技术、绿色植保技术和测土配方施肥等农业生产技术，遵循"预防为主，综合防治"的方针，尽量使用生物农药和有机肥料，减少化学农药和化肥的使用次数和用量。按技术指导科学用药，合理施肥，降低农业生产成本，最大

限度减少农药、化肥流失造成农田土壤和水体污染，减轻农业面源污染。尽量到比较大的农资企业购买农资，这些企业配有技术人员，可以到田间实地检查病虫害，并指导科学用药、合理施肥，现在就有好多生产基地、合作社、家庭农场就直接到农药批发商购买农药，享受他们指派技术员的技术指导，他们的技术、学历较高，走的田园也多，经验丰富，教授农户科学用药，防治效果好，又节省成本。

二、在使用农资时，注意做到“三要、三不要”

一要使用合法农药。绝对不能使用国家明令禁止生产销售和使用的农药，有33种；蔬菜、果树、茶叶、中草药材上不得使用和限制使用的农药有17种，如果使用了，被检测出禁止使用农药的成分，违反农产品质量安全法，是犯罪，可以判刑；另外漳州市人民政府于2015年9月出台了《漳州市人民政府关于禁止销售使用部分毒性大、残留期长的农药公告》该公告提出在漳州范围内禁止销售使用克百威等10种毒性大、残留期长的农药，所以尽量使用生物农药和低毒农药。二要合理使用农资。注意查看农资产品包装袋（瓶）上标明的使用方法、使用范围、使用浓度、安全间隔期，要求和注意事项，听从技术人员的指导，遵守种植规范，不要随意加大农药使用浓度而导致农产品农残超标，甚至造成药害，导致经济损失。三要严格遵守农药使用安全间隔期规定。农药安全间隔期是指最后一次用药到作物采收时的天数，即收获前禁止用药天数。注意查看农药包装物上标明的安全间隔期，最后一次喷药到作物采收的时间应比标签上规定的安全间隔期长。不要在收获、出售前未达到安全间隔期的农产品，如收获、出售的农产品被检测出农残超标，农业行政执法部门可以依法进行行政处罚。

三、自觉清理田园地头的生产废弃物

为加快社会主义新农村建设、推动生态文明建设和美丽龙海建设，保护九龙江水资源，在此倡导农民朋友们积参与开展针对农药、化肥包装物及废弃农用塑料薄膜、秧盘等农业生产废弃物集中清捡，防止农药、化肥包装物等生产废弃物释放有毒有害物质污染土壤、水源，通“你捡我捡大家捡、田间地头大家捡”，维护田园清洁，形成良好文明的清洁生产习惯，你看了舒服，别人看了也舒服，即保护了自己的生产环境，也保护了别人的生产环境。

四、出现问题要及时投诉

使用农资发现药害、肥害要及时投诉，方便执法人员及时掌控现场证据。有些农户发现用药、施肥后遭受损失征兆时，不及时投诉，导致有关部门不能及时到现场勘验，不能及时处理有关责任问题。发现问题后也要及时采取补救措施，不要以为向有关部门投诉了就没事，就等待赔偿，不及时采取补救措施。很多问题不一定是药、肥质量引起的，而是使用技术上引起，比如有一农户投诉：喷施农药后不久，发现部分葱萎蔫，部分正常生长，经过调查，原来是他雇的两个员工进行喷施，两个员工在喷洒的浓度不一样，或者喷洒时走的速度不一样，导致喷施不均匀，部分葱萎蔫。也不要以为喷了效果不明显，就是假农药，其实现在有效成分含量不够的农药很少，现在比较普遍存在的假农药倒是防治效果更明显，因为部分生产企业为了竞争，采取非法竞争手段，参有非标明成分，防治效果更明显，只是可能造成残留更高，违反农药管理条例。

在买到假劣农资时，农民朋友要及时维权，发现问题，可以向有关行政部门投诉，可以向市场监督管理局投诉，投诉电话12315，也可以向农业行政主管部门投诉，投诉电话12316。最后祝大家取得大丰收。

第三节　遇到农资纠纷如何维权

一、收集保留证据

农资消费者收集和保留证据是维权的基本前提。

1. 购货凭证

凭证是证明农资销售方和购买方之间买卖关系成立和权益受损后因果关系存在的有效证据。购买时一定要向销售者索要凭证，如发票、收据、销售记录单等。同时写明具体的品种和数量，有特殊要求的应当在发票中注明。

2. 外包装物

留存包装袋、药瓶，包装袋内最好留有未用完的农资样品。在购买数量比较多的情况下，最好留有未开袋的样品。

3. 证人证言

当商家建议你买哪个品种、用哪种药以及告诉你如何用药时，你可要求其出具书面的建议或进行录音取证。因为往往就是这种不专业和带有商业性的销售建议造成农作物的受害。但如果你有书面的证据或者录音证据就可以向其主张损害赔偿。

4. 鉴定结论

在田间可以鉴定的有效时限内，及时邀请有资质的专业技术部门、专家进行鉴定和损失评估，出具鉴定结论和现场勘验笔录。

5. 证据保全

保全证据公证是指公证机关根据公民、法人或其他组织的申请，对与申请人权益有关的、日后可能灭失或难以提取的证据加以验证提取，以保持其真实性和证明性的活动。当农资使用者发现有受损害的征兆，应在证据灭失之前，向公证部门提出申请，由公证部门通过照相、录像、取样等方法保留证据。

6. 其他证据

除上述几种主要证据外，农资使用者还应注意收集一些有关的附属证据，它对主要证据具有有效的补充作用。如种子、农药、化肥的使用说明书、警示标识、种子经营者的承诺书、广告宣传品等。

二、纠纷维权途径

农民朋友一旦购买了假冒伪劣农资，势必会造成损失，耽误一年的收成。因此，农资维权事儿大。

1. 与经营者协商和解

协商和解是指在争议发生后，双方在平等自愿的基础上，自行接触磋商，互相交换意见，通过友好协商，自行解决争议。在购买化肥等农资后，发现有质量问题的，购买方可以直接找经营者或生产者解决。

2. 请求消费者协会调解

农民购买到假劣农资后，可以向当地的消费者协会投诉。其职能之一是对消费者的投诉事项进行调查、调解，由双方自愿接受和执行。

3. 向有关行政部门申诉

行政申诉是指发生农资购销争议后，双方协商不成的，农资使用者直接向有关行政部门或者农资经营单位的上级部门投诉，请求对农资经营者的违法行为给予制裁，对造成的损失给予赔偿。

4. 提请仲裁

如果农资购买方事先与经营者达成仲裁协议的，争议双方可将纠纷提交有关仲裁机构进行裁决。

5. 向人民法院提起诉讼

即争议的当事人向有管辖权的审判机关起诉，由人民法院按照法律程序对争议进行审理后，做出有法律效力的裁决。

三、维权案例展示

【案例1】

2015年5月，原告富某在被告孙吴县某种子商店购买承单22号玉米种子550余千克，支付种子款16 000余元。购买种子时被告承诺该玉米种子不倒伏并在收款票据上注明“成熟期内不倒伏”字样，当年原告种植该品种玉米20公顷。2015年10月上旬，玉米发生严重倒伏现象，部分玉米棒未成熟并发生霉变现象，原告遂起诉到法院要求被告赔偿玉米种子款。

法院审理认为，双方对购种事实均无异议，并以字面形式作出了该玉米作物在成熟期内不倒伏的特别约定，现发生了倒伏现象被告不能证明倒伏是由其他原因造成的又不申请倒伏原因鉴定，应承担玉米倒伏给原告造成损失的赔偿责任。因原告只主张购买种子款的损失，未对减产损失进行主张，本案判决只以原告主张为限。又因有部分玉米未发生倒伏，未倒伏数量虽不足50%，但结合倒伏的玉米中也有部分成熟的情况，综合认定被告应赔偿原告种子款的50%，遂判决被告逊吴县某种子商店赔偿原告富某种子款8 000余元。

【案例2】

彰武县阿尔乡镇农民费某等7人，于2016年4月16日至5月11日期间先后在阿尔乡镇某农资经销处购买了花生种子，共4 500千克左右，总价值6.3万元。并于5月17日至5月20日间陆续播种，4天后发现种子发芽后出现腐烂、断根现象。随后找到经销商要求给予补偿。

经销商对此未给解决。6月10日，费某等人投诉到彰武县消协。接到消费者投诉后，工作人员调查种子质量存在瑕疵。经调解，双方达成一致意见，经销商给予消费者补偿4万元。

【案例3】

2014年4月，某农资公司购进了一批价值7.2万元的杀菌剂类农药，其标注的生产商："中农住商（天津）农用化学品有限公司生产、上海中科（周口）化工有限公司推广"，放在经营场所进行销售，经举报被巴州工商局查获，至案发时已销售1件，从中获利180元。经中农住商（天津）农用化学品有限公司鉴定，上述农药非其厂家生产，属假冒其厂名、厂址的产品。

该农资公司的行为违反了《产品质量法》第三十七条的规定，构成销售假冒他人厂名、厂址的产品的违法行为。巴州工商局依据《产品质量法》第五十三条的规定，依法对其作出没收全部假冒农药、没收违法所得180元、罚款1万元的处罚决定。

【案例4】

2016年6月初，刘女士发现自家辣椒地里出现了杂草，为了保护长势良好的辣椒，便在内黄县某农资经销门市部购买了除草剂。但是没想到使用除草剂后，杂草没有如预想中枯死，反而是辣椒苗出现了叶黄、苗尖腐烂的现象。刘女士仔细分析后，将目光锁定在了除草剂上，于是找上门去，向经销商讨说法。但是双方迟迟未达成一致，当年6月22日，刘女士向内黄县消协进行了投诉。

接到投诉后，内黄县消协工作人员认真听取双方阐述，详细了解纠纷发生过程。经调查，内黄县消协工作人员了解到，该除草剂不得用于辣椒。该门市部却并不知道该情况，当刘女士前来购买时，销售人员就推荐了该产品，这才导致使用后辣椒叶子逐步出现变黄、腐烂现象。

事实面前，工作人员耐心向经销商讲解消费者权益保护方面的法律、法规和相关政策，终于在互谅互让的基础上双方达成协议：由经销商赔偿损失款12 600元，并赔偿种子93.5千克。

第十章　农作物植保知识和主要农作物测土配方施肥技术

广义的农作物，是指凡具有经济价值而被人们栽培的植物。具体来讲是指具有经济价值，被人们种植在大田中的植物，俗称：庄稼。包括粮、棉、油、麻、糖、茶、烟等。农作物从播种、生长至收获，经常受到各种有害生物（植物病原、害虫、杂草和害鼠等）的为害，从而影响栽培植物的产量和质量。由于有害生物的种类繁多，形态各异，发生规律各有不同，因此，认识有害生物，掌握有害生物的习性、特点，对防控有害生物极其重要。

第一节　农作物虫害基础知识

人们通常把为害各种植物的昆虫和螨类等称为害虫，把由它们引起的各种植物伤害称为虫害。虫害的特点是为害速度快，损失程度重，防控难度大。农业害虫主要包括为害水稻、玉米、小麦、薯类、大豆、向日葵、蔬菜、果树等栽培植物的多种昆虫和螨类。昆虫种类繁多，是农作物遭受虫害中最多的种类。昆虫的分类地位，属于动物界、节肢动物门、昆虫纲，有 33 个目。其中有 9 个目与农业密切相关。直翅目如蝗虫、蝼蛄；半翅目即蝽象类；同翅目包括蚜虫、叶蝉、飞虱等；缨翅目即蓟马类；鞘翅目即各种甲虫类；鳞翅目即蛾类、蝶类；膜翅目即蜂类、蚁类；双翅目即蚊、蝇、虻类；脉翅目如草蛉、蚁蛉等，脉翅目都是捕食或寄生蚜虫、螨虫、叶蝉、飞虱及其他小虫的益虫。此外，螨类属于动物界、节肢动物门下的蛛形纲、蜱螨目，也可为害多种植物，如红蜘蛛等。在害虫防治实践中，首先要正确识别益虫和害虫，能够很好的利用益虫和控制害虫。其次要掌握昆虫的一般形态特征及其生长发育规律，找到昆虫生活的弱点，对其防治。达到事半功倍的效果。

一、昆虫的形态特征

昆虫身体分为头、胸、腹三大段。头部有一对分节的触角，用来感触外界的事物；有一对复眼，1~3 个单眼，用来视觉外界的环境；有一个口器，用来取食外界的食物。胸部由前胸、中胸、后胸 3 个体节组成，每节有一对足，大部分种类还有 2 对翅，但有些种类昆虫演化为一对翅，如蚊、蝇等，也有一些终生寄生在人体或兽体上的昆虫翅完全退化了。腹部由 9~11 个体节构成，腹部 1~8 节两侧各有一对气门用于呼吸；末端有外生殖器，有的还有一对尾须；身体外面包有一层较坚韧的“外骨骼”。

二、昆虫的口器

昆虫用来吃东西的器官称口器，也称取食器，由于昆虫的食性分化很复杂，所以有各种各样的取食方式，相应的口器在构造上也有种种不同类型。由于昆虫的食性非常广泛，口器变化也很多，一般有：咀嚼式口器、刺吸式口器、舐吸式口器、虹吸式口器、嚼吸式口器、锉吸式口器等，可根据昆虫的口器不同，取食方式不同，在防治上采取不同的防治措施。

咀嚼式口器：如蝗虫、蝼蛄等。以咀嚼植物或动物的固体组织为食，能咬食和啃食植物的各部分。它们造成的为害状是不同形状的缺刻，对这种口器的昆虫进行防治时就要选用胃毒性杀虫

剂。将这类农药喷洒到植物的表面，当害虫吃进肠胃后便起毒杀作用。因此，可以根据植物上的缺刻来判断是咀嚼式口器昆虫所致，此时就要选择胃毒剂来防治。

刺吸式口器：如蚜虫、椿象等。口器形成了针管形，用以吸食植物或动物体内的液汁。这种口器不能食固体食物，只能刺入组织中吸取汁液。这类害虫造成的为害就有很多种情况，如失绿、皱缩、卷曲、虫瘿、萎蔫等。对这类口器的害虫防治时就要选用内吸剂，内吸剂这类农药喷到植物体上后先被植物吸收到体内，随植物体液的流动遍及植物体内部，当害虫取食植物汁液时造成中毒死亡。

舐吸式口器：如蝇等。其主要部分为头部和以下唇为主构成的吻，吻端是下唇形成的伪气管组成的唇瓣，用以收集物体表面的液汁。

虹吸式口器：如蛾、蝶等。是以小颚的外叶左右合抱成长管状的食物道，盘卷在头部前下方，如钟表的发条一样，用时伸长。

嚼吸式口器：如蜜蜂等。口器构造复杂。除大颚可用作咀嚼或塑蜡外，中舌、小颚外叶和下唇须合并构成复杂的食物管，借以吸食花蜜。

锉吸式口器：为缨翅目昆虫蓟马所特有。蓟马的口器短喙状或称鞘状；喙由上唇、下颚的一部分及下唇组成；右上颚退化或消失，左上颚和下颚的内颚叶变成口针，其中左上颚基部膨大，具有缩肌，是刺锉寄主组织的主要器官；下颚须及下唇须均在。蓟马取食时，喙贴于寄主体表，用口针将寄主组织刮破，然后吸取寄主流出的汁液。

三、昆虫的变态

昆虫的生物学特性很特殊，它有变态，即它的一生要经过几次外部形态和内部结构的变化。昆虫的变态有几种，但是最常见的有两种，一种是不完全变态，即昆虫的一生要经过卵—若虫—成虫三个阶段，这种昆虫的幼虫和成虫相比很相似，只是幼虫小，翅没有完全长成，性器官没有成熟而已，如蝗虫、蝼蛄等。另一种是完全变态，即昆虫的一生经过卵—幼虫—蛹—成虫四个阶段。这种昆虫的幼虫和成虫相比不管是外部形态，还是内部结构都完全不同，如蛾类、蝶类等。

一个完全变态的昆虫要经过四个虫态，每个虫态都有它独特的特征。

卵期：不同昆虫卵的大小、颜色、形态、产卵的方式、产卵的场所都不一样。如棉铃虫卵，半球形，初产乳白色，近孵化时变为紫褐色，上有明显的刻纹。集中产于棉花顶端嫩叶和小枝上。我们了解了它的这些习性就可以通过消除卵块的方法进行害虫防治。

幼虫期：由于是昆虫生长主要时期，是大量取食的时期，也就是主要的为害时期，因此是防治的关键时期，药剂防治一定要在低龄期进行，这样害虫抵抗力低，为害小，防治效果高。我们常说的防治在三龄前就是这个原因。

蛹期：是一个由幼虫到成虫的转折期，其外表看不出明显的运动，但其体内进行着激烈的重组活动，了解化蛹的场所就可以进行人工防治。

成虫期：也就是昆虫的繁殖期，有些昆虫成虫不再取食了，完成繁殖任务即死亡。有些昆虫在繁殖前还要进行营养的补充，还要进行一段时间的取食，在成虫期进行防治可以减少后代的数量，从而降低害虫发生的数量。

四、昆虫的习性

昆虫的习性，包括昆虫的活动及行为，是种和种群的生物学

特性。不同的害虫有不同的习性，全面了解和掌握它们的习性，有利于进行调查、预测和防治。主要生活习性分为食性、趋性、假死性和群集性。

1. 食性

昆虫对食料的选择很严格。据统计在所有的昆虫中，吃植物的约占48.2%；吃腐烂物质的约占17.3%；寄生性昆虫占2.4%；捕食性的占28%；其他都是杂食性的。按照昆虫取食食物的性质，可将昆虫分为如下。

（1）植食性。以活的植物为食料，绝大多数农业害虫都是植食性的。如蚜虫、钻心虫、地老虎等。

（2）腐食性。以腐败的动植物为食料的害虫，如一些蝇子及部分金龟子幼虫等。

（3）肉食性。以活的动物为食料的昆虫，所有天敌昆虫都是肉食性的，如瓢虫、草蛉、寄生蜂等。

根据植食性昆虫选择取食植物种类的多少，又可将其分为单食性、寡食性和多食性等食性特征类型。

①单食性：这类昆虫只取食一种植物，如梨茎蜂只为害梨树。

②寡食性：能吃一科内或近缘科的多种植物，如顶梢卷叶蛾能为害蔷薇科的多种花木。

③多食性：能吃多种不同科的植物，如棉蚜、桃蛀螟、黏虫等。棉蚜能为害74科285种植物。

2. 趋性

趋性就是指昆虫对外界环境条件的刺激有趋近和背离的习性，如对光有趋光性；对化学物质有趋化性；对颜色有趋色性等。不同的昆虫有不同的习性，利用这些习性进行对害虫的防治是有效的，它可以减少农药的使用，减少环境的污染。

（1）趋化性。昆虫通过嗅觉器官（触角），对化学物质的刺激所引起的反应，称之趋化性。利用昆虫这一特性可防治某些害虫，如用糖醋液诱杀地老虎成虫，用炒香的糠麸诱杀蝼蛄，用糖醋液或杨树枝诱杀夜蛾类害虫等。再有性引诱剂，昆虫雌雄成虫交尾一般是雌虫放出雌性激素，然后雄虫通过雌性激素的气味来寻找雌虫，根据这个原理人工合成某种害虫的雌激素，诱集并杀死雄虫，减少交配产卵机会，减少下代虫口密度。

（2）趋光性。很多昆虫都有一定的趋光性，这是昆虫通过视觉器官，对于光源刺激所引起的反应，例如许多蛾子、甲虫、蝼蛄等都有趋向灯光的习性。不同种类的害虫对不同的光还有所偏好，玉米螟等趋向日光灯；蝼蛄、夜蛾等对黑光灯有强烈的趋向性。另外，有些昆虫对黄色有趋性，如蚜虫、烟粉虱等，人们可以用黄板来诱杀。

3. 假死性

一些害虫遇到外界惊扰就暂时停止活动或自动掉落下来，好像死去一样，叫做假死性。例如金龟子、一些象鼻虫、小地老虎和黏虫的幼虫等，在受到突然振动时立即作强直性麻痹状昏迷，坠地装死。因此我们可以利用这一特点进行人工捕杀。

4. 群集性

很多鳞翅目的幼虫在其初孵期有群集在一起的习性，特别是刚孵化后的低龄幼虫常常集居在一起，这为我们集中消灭害虫创造了条件，如美国白蛾可通过摘除有虫叶或剪除网幕等进行防治，这样既有利于消灭害虫又减少化学农药的使用和植物的受害损失。

五、检查虫害的方法

在生产中，根据不同的害虫为害方式和特征，可以比较方便辨别是否遭受虫害。

1. 检查被害状

当作物出现异常时，我们首先看它有无被咬或皱缩的叶子，有无枯尖死杈，植株上有无虫粪排出和蛀食的痕迹等，如地上部整株生长势下降或萎蔫，则看根部有无被咬伤等等，不同的害虫有不同的为害状，从为害状的迹象中找害虫就容易多了。

2. 检查排泄物

在植株的枝、叶上以及周围的地面和各种物体上，检查有无油质污点，这些油质污点一般是蚜虫、介壳虫、木虱、粉虱等刺吸性害虫排出的排泄物，另外可根据排泄物的多少、新鲜程度来判断害虫发生的时间和发生量。除此之外，从植株上有无蚂蚁也可判断害虫的发生情况，因为蚂蚁往往以这些带有糖分的排泄物为食料，所以说有了昆虫才有排泄物，有了排泄物才有蚂蚁。

3. 检查虫粪

有很多体型较大的害虫排出的粪便我们肉眼都能见到，根据虫粪的特点、大小可以判断害虫的种类，根据虫粪的多少和新鲜程度可以判断害虫的发生量和发生时期。一些蛀食性害虫常把粪便从排粪孔排出蛀孔外，一看植株上有粪便排出则判定有蛀食性害虫。如，在叶片或地面上有像绿豆大小的黑色虫粪则很可能是普通的鳞翅目的食叶性害虫。所以通过对虫粪的观察就能找到害虫。

4. 摇枝检查

对于小型的害虫，肉眼看不太清楚的如红蜘蛛或不易看到的有假死特性的害虫，可在植株下面放上白纸，振动枝叶，让虫子掉落到纸上，容易检查。

第二节　农作物病害基础知识

植物生长发育过程中，在一定外界条件的影响下，植物受生物或非生物因子的干扰作用，超越了它能忍受的范围，致使在生理上和形态上发生一系列的变化，生长发育不正常，表现出一些特有的外部症状及内部病理变化，并因此而造成了对人类的经济价值，这种现象叫植物病害。病害的特点是发生周期长，隐蔽性强，初期不易发现，防控不及时，为害性大。

一、植物病害的分类

植物病害的种类繁多，但按病原分主要是两大类——非侵染性病害和侵染性病害。

1. 非侵染性病害

非侵染性病害是由非生物因素引起，例如营养元素的缺乏，水分的不足或过量，低温的冻害和高温的灼病，肥料、农药使用不合理，或废水、废气造成的药害、毒害等。

植物生长发育离不开从外界吸收各种营养元素，有的需要量较大，如氮、磷、钾；有的需要量较少，如铁、铜、锌、锰、钼、钙、硫等。无论那种元素供应不足，都会影响植物的正常生长；但这类元素吸收过多，也会造成植物生长的障碍。农作物必需营养元素可分为移动的和不移动的两大类。移动的营养元素有氮、磷、钾、镁、锌等，当缺乏这些元素时，它们可能从老叶中移向新叶，因此使老叶出现缺素症状。不移动营养元素包括钙、铁、硫、硼、铜、锰等，这些元素是不能在植物体内移动的，所以，这类元素的缺素症状多出现在幼叶上。不同营养元素的供应余亏都会产生不同的营养失调症状，应及时准确的进行鉴别。

（1）氮营养失调症状。作物氮素营养供应不足，缺氮症状出现早。植株生长细长；叶片变小，叶绿素减少，叶色变成黄绿色，严重时，整株变为浅绿色，叶片老硬，最后枯萎；根数少；茎和叶柄及主要叶脉均呈紫色；还会使生殖器官的形成变缓，结果少且小，青果绿白相间，红果无光泽，影响产量和品质。而氮

素营养供应过多，会引起氮中毒，植株呈暗绿色，植株及叶片生长过旺，严重时心叶似鸡爪状萎缩，根系较少。

（2）磷素营养失调症状。作物缺磷，最易发生在苗期，缺磷时作物蛋白质的合成受阻，作物早期的生长受到限制，表现为植株矮小瘦弱，幼芽及根部生长缓慢，茎细弱，叶片小，叶色暗绿，叶片背面（包括叶脉）和下部幼茎呈紫色，老叶发黄且散生紫色干斑。严重时叶小且硬，向下卷曲，易脱落；根系小，黄褐色；虽能开花，但不能坐果。而磷素营养过剩时，植株秆稍细，叶色较深，还会导致铜和锌的缺乏。

（3）钾素营养失调症状。缺钾症状主要表现在叶部，老叶叶尖及叶缘变黄呈灼伤状，叶缘卷曲，叶脉间失绿，出现花叶，黄化，有小干斑。后期发展到整个叶片或全株失绿干枯，小叶枯萎。果实有枯斑，成熟不均匀，有绿色区。茎表出现褐色椭圆形斑点。根发黄，须根少。作物生长后期缺钾时，果实叶棱形，果肉薄而中空。钾在作物组织中活动性强，作物缺钾时，钾可从成熟的作物组织中移向分生组织，所以老叶中会最早缺钾。而钾过量时，果实表皮粗糙，过量的钾还会引起镁、锰、锌或铁的缺乏。

（4）钙素营养失调症状。由于钙在植物体内移动慢，不能被再利用，因此缺钙时上部叶片的叶缘黄化，下部叶片转紫棕色，小叶变小，叶缘向上卷曲变黄，甚至枯死；上部叶片呈鸡爪形萎缩，叶柄扭曲，黄化枯萎，生长点死亡。番茄果实缺钙时呈皮革状脐腐。而钙过量常与过量碳酸根相伴存在，于作物的生长不利。

（5）铁素营养失调症状。铁在植物体内亦不易移动和不能再度利用，因此缺铁时心叶初呈淡绿色，后来发展到在黄色叶片上形成绿色网状，最后全叶变黄，无枯斑。而铁过量时，叶片出现干枯斑。

（6）硼营养失调症状。作物体内缺硼，植株的生长点及顶芽枯萎坏死，枝条易簇生；上部叶片叶脉失绿，小叶出现斑驳，向内卷曲变形；叶柄小，易折断，维管束堵塞。而硼过量时叶尖发黄，继而叶缘失绿并向中脉扩展。

（7）锌营养失调症状。作物缺锌时，老叶及顶部叶片变小，有不规则的棕色干枯斑，以小叶柄和叶脉间出现的棕色斑更明显，叶柄向下卷，整个叶子成螺旋状，严重的整个叶片枯萎。而锌过量会导致缺铁而失绿。

（8）镁营养失调症状。镁是构成叶绿素的重要成分，缺镁首先表现叶色淡绿。缺镁时老叶缘先失绿，而后叶脉间失绿，失绿区见枯斑，小叶脉无绿色，严重时老叶死亡，全株变黄。

（9）铜营养失调症状。缺铜时叶片的叶缘向主脉卷曲成管状，顶部叶片小，坚硬且折叠在一起；叶柄向下卷曲，茎短，后期主脉和大叶脉附近出现枯斑；而铜的过量引起中毒，植株生长减慢，后因缺铁而失绿；发枝少，小根变粗、发暗。

（10）锰营养失调症状。缺锰时老龄叶片呈苍白色，以后幼叶亦为苍白色。黄叶上有特殊的网状绿色叶脉，后在苍白区可见枯斑，失绿症状不如缺铁严重。而锰过量常见失绿，叶绿素分布不匀。

（11）钼营养失调症状。缺钼时小叶叶脉间呈浅绿到黄色斑驳，叶缘向上卷曲呈喷口，最小叶的叶脉失绿顶部小叶的叶缘黄色区干枯，最后整个叶子枯萎。而钼过量时叶子变为全黄色。

（12）硫营养失调症状。缺硫时，上部叶子坚硬下卷，最后可见大的不规则枯斑，叶子变黄，叶脉、叶柄变紫，叶尖、叶缘干枯，叶脉间有小紫斑。而过多的硫供应时，植株生长慢，叶小，有时叶脉间发黄或叶子出现灼烧状。

（13）硅营养失调症状。磷缺少时作物茎、叶疲软，易倒伏，抗寒力差，易诱发多种真菌性病害。而植物一般不出现硅过剩中毒症状。

（14）钠营养失调症状。作物一般不需要钠元素。而钠元素过多可发生盐碱害，使植株生长缓慢、衰弱，叶片褪绿产生锈色斑块，根吸水困难，根茎部出现侵蚀性溃疡，甚至整株萎蔫焦枯。

2. 侵染性病害

侵染性病害是由生物因素引起，有传染性，病原体多种，如真菌、细菌、病毒、线虫或寄生性种子植物等。侵染性病害还可细分为如下。

（1）可根据病原物的种类分为真菌病害、病毒病害、细菌病害、线虫病害及寄生性种子植物病害等。真菌类病害可分为霜霉病、白粉病、炭疽病、疫病等等。根据病原物分类的最大优点是每一类病原物所引起的病害有许多共同的地方，所以这种分类法最能说明各类病害发生发展的规律和防治上的特点。

（2）按寄主植物划分。可分为大田作物病害、蔬菜病害、果树病害、花卉病害、药用植物病害等，若分得更细一些可以单一作物为主题，如小麦病害、玉米病害等，这个方法的优点是便于了解一种作物的病害问题。

（3）按病害的传播方式划分。可分为空气传播、土壤传播、种苗传播、机械传播、昆虫传播的病害。因为病害的防治和病害传播方式有密切联系，这种分法便于根据传播方式考虑防治措施。

（4）按受害的部位划分。可分为根病、茎病、叶病及花病、果病等。

（5）按发生时期划分。可分为苗期病害、成株期病害和贮藏期病害等。

二、植物病害的症状

植物发生病害有一定的病理变化程序，即病变过程，无论是非侵染性或侵染性病害都是先在受害部位发生一些外部观察不到的生理活动的变化，产生生理病变。随后细胞和组织也发生病变，最后发展到从外部可以观察的病变，因此，植物病害表现的症状是植物内部发生了一系列变化的结果。症状是植物和病原物两者的综合反应。一般把植物本身的病变称为病状；把病原物在植物发病部位所形成的有一定特点的结构称为病症。

症状对植物病害的诊断有很大意义，尤其是有病症存在时，说明病部有病原物，可以说是植物侵染性病害的标志，但要注意是否植物组织死亡后上去的腐生菌。有些病害根据症状就可以诊断，如黑粉病、白粉病、锈病和霜霉病等，有些病害或因环境条件影响，或因寄主品种与生育期不同而产生的症状不同，而有些不同病原物又能产生相同的症状。对大多数病害来讲，症状可作为初步诊断的根据，但必须进一步鉴定它的病原物，才能做出正确的诊断。

1. 植物病害的病状

根据植物发生的病理变化，在病状方面，大致可分为下列 5 种类型。

（1）变色。植物受害后局部或全株失去正常的绿色称为变色。如叶绿素的形成受到抑制，造成叶绿素减少而出现褪绿，叶绿素减少到一定程度时叶片发黄，表现为黄化。花青素过盛时叶片发红或呈红色。另一种形式是叶片不是均匀地变色，而是深绿或黄色部分相间，则称为花叶。

（2）坏死。植物的细胞和组织死亡而造成坏死，坏死是在叶片上表现为叶斑和叶枯。叶斑形状、大小和颜色不同，但轮廓都比较清楚。叶斑的坏死组织有时可以脱落而形成穿孔叶斑症状，有的叶或果上的病斑圆形或有纶纹或呈角形，可按斑的形状称为圆斑、纶纹斑、角斑等。较大面积的枯死，便造成叶枯、芽枯、茎枯等症状。

（3）腐烂。它是植物组织较大面积的分解和破坏。植物的根、茎、花、果都可以发生腐烂，幼嫩或多肉的组织则更容易发生。腐烂有时与坏死很难区别，一般讲，腐烂是整个组织和细胞受到病原物的破坏和分解，而坏死则多少还保持原有组织和细胞的轮廓。腐烂可分干腐、湿腐和软腐等，根据腐烂的部位又可分根腐、茎腐、基腐、花腐、果腐等，幼苗的根或茎腐烂，幼苗直立死亡称为立枯，幼苗倒伏称为猝倒。

（4）萎蔫。它是指植物失水而发生凋萎。萎蔫有各种原因，典型的萎蔫症状是植物的茎或根的维管束受病原物侵害，菌体堵塞导管或产生毒素，阻碍或影响水分的输送。这种萎蔫是不能恢复的。此外根或茎的进一步坏死和腐烂或土壤缺水也可使植株萎蔫。

（5）畸形。畸形的种类很多，增生性的畸形有枝条不正常地增加、产生丛枝、局部细胞增生形成肿瘤、根的过度增多形成发根等，抑制性的畸形有叶变小、叶缺、植株矮小、节间缩短等。病部组织发育不均衡时出现扭曲、皱缩、卷叶等。

2. 植物病害的病症

许多病害在植物上可以突出地看到病原物的种种结构，也就是说有明显的病症，病症可以有下列几种。

（1）霉状物。它是真菌在病部产生的各种颜色的霉层，如黑霉、白霉等，它们主要是由半知菌的分生孢子梗和孢子、鞭毛菌的孢囊梗和游动孢子等组成的。

（2）粉状物。它是真菌导致病部产生的各种颜色的粉状物，如黑粉、白粉、锈色粉等，由一些真菌的厚垣孢子、分生孢子或锈菌的孢子堆等组成。

（3）粒状物。真菌在病部产生的黑色或黑褐色颗粒状物，如炭疽病、茎枯病、全蚀病、菌核病等。它是子囊菌的子囊果或半知菌的分生孢子器、分生孢子盘，很小，有时肉眼很难看清，往往要借助放大镜观察。至于有些米粒大小的黑色颗粒，则是真菌的菌核。

（4）丝状物。真菌在病部长出的菌丝体，有时其中夹有真菌的繁殖器官。

（5）脓状物。许多细菌性病害在病部表面有菌脓或菌液层，其中有大量菌性，干后成为菌胶粒或菌膜。如角斑病、青枯病等。

3. 几种病害症状特点

目前在农业生产中植物病害最主要包括三类：病毒病、真菌性病害、细菌性病害，它们在症状表现上有不同的特点，根据这些特点可以及时判断病害种类，有针对性的使用不同的防治方法和药剂。

（1）病毒病的主要症状特点如下。

①病毒侵入后大多对植物的直接损伤较小，主要影响植株的生长发育。

②病毒病的症状大多是全株性，属散发性，有时容易与生理性病害特别是营养失调或药害相混淆。

③病毒病虽为散发性病害，但地上部分症状表现往往明显，特别是花叶型病毒病，在嫩叶部位表现尤为明显。

④病毒病侵染后除外部症状外，在植株体的细胞可以形成各种内含物，这是病毒病所特有的。

不同的病毒侵染植物后，可以表现出不同的病状，主要有叶片变色、畸形、坏死、凋萎和腐败。

（2）真菌性病害的症状特点如下。

①病状特点：主要表现为坏死、腐烂、萎蔫。

坏死：在叶片上表现为叶斑和叶枯，叶部病斑因形状、颜色、大小不同可分为轮斑、角斑，在根部或者茎秆上表现为轮斑。

腐烂：腐烂是因为植物组织大面积被真菌分解和破坏。根、茎、花、果均可发生腐烂，幼嫩和多肉的组织更容易发生。腐烂分干腐、软腐和湿腐；根据腐烂的部位又分为根腐、基腐和茎基腐病、果腐、花腐等。

萎蔫：萎蔫是植物的维管束被真菌阻塞，造成水分、养分运输不通畅所造成的，最终造成植物全株或部分植株死亡。

②病症特点：真菌性病害的另外一个主要特征是在发病部位通常形成粉状物、霉状物、粒状物或者绵状物。咱们俗称叫长毛了。

粉状物：白粉，如黄瓜白粉病；锈粉，如小麦锈病等；黑粉，如玉米黑粉病等。

霉状物：霉是真菌病害常见的症状，可分为霜霉、黑霉、灰霉、青霉、绿霉等。如蔬菜的霜霉病、灰霉病、葱紫斑病、黑斑病等。

粒状物：在病部产生大小、形状、色泽、排列等各种不同的粒状物。有的粒状物小，不易组织分离，包括分生孢子等，如褐斑病。有的粒状物较大，如白粉病等。

绵状物：多呈绵絮状，如茄绵疫病、番茄疫病等。

（3）细菌性病害的主要症状特点。

①有菌浓溢出，这是识别细菌在维管束里扩散最简单的方法。将病茎横切开，用手挤压可见有白色黏稠状液体溢出。

②有恶臭味，细菌引起的组织腐败，会发出恶臭味，特别是软腐病。

③病害扩散方向，多数细菌性斑点病是由植株下部向上部发展。青枯病有顺灌溉水方向发展的趋势；土传细菌性病害在田间的局部发生，往往呈同心圆状扩散。

三、植物病害的传播流行途径

植物病害的传播流行，主要通过种子和其他繁殖材料以及植物和植物产品的调运、农事操作、昆虫、牲畜、风、雨、流水以及害虫迁飞等途径传播。

1. 种子和其他繁殖材料以及植物和植物产品的调运

本来某地并没有这种病害，但是因为引种或者调运植物产品造成发生流行，尤其一些检疫性病虫害的发生，很大程度上来源于植物繁殖材料或者产品的调运。

2. 农事操作

不恰当的农事操作会造成植物病虫害的传播流行。比如在嫁接、整枝打杈、采收果实、交叉使用农具时，都有可能造成病菌的传播。最典型的例子就是在番茄地里边吸烟边整枝，极有可能造成烟草花叶病毒对番茄的侵染。

3. 昆虫

蜜蜂可以帮助作物授粉，但是也可能把病菌带到它的活动区域内的任何植物上，造成病害流行。昆虫传播病害的最典型例子就是2009年以来番茄黄化曲叶病毒病在廊坊市番茄上的大面积流行。因为烟粉虱取食了带有黄化曲叶病毒病的番茄汁液，病毒同时进入烟粉虱体内，而且终生带毒，它再去为害其他番茄，从而传播了病毒，循环往复，最终导致病害流行。

4. 牲畜

有些带病的植物虽然经过猪牛羊的消化后，但是病原菌依然存活，随着粪肥被带到田间，最终造成病害的发生为害。

5. 风雨、流水

它们是田间病害暴发流行的最主要途径，田间一旦发现中心病株，随着浇水或者刮风下雨，都会造成病害的不同程度发生。

第三节　农作物病虫害的防治技术措施

“预防为主，综合防治”一直是我们国家的植保工作方针，随着时代的发展，我国政府部门又提出了“绿色植保，公共植保、现代植保”的新的植保工作理念，把植保工作上升为政府行为和社会行为，提倡全社会共同参与，以建立有害生物阻击带为基础，绿色防控技术为依托，以产业结构调整、作物合理布局、推广种植丰产性好的抗病、耐病优良品种为重点，着力提高我国病虫害防治技术水平，进而提高作物产量水平，改善作物品质，提高产品的商品性和市场竞争力，同时为改善环境、保护人民群众身体健康，促进农业产业持续、稳定、健康发展。

植物保护工作不是我们通常人为地单纯的化学防治，而是要综合考虑环境和生态等多种因素、合理配套采用一系列的措施，最终达到防虫治病，将经济损失降低到最低的一项综合的技术措施。

一、植物检疫

植物检疫是国家通过制定法律法规，通过采取检验检疫措施，避免检疫性有害生物传入非疫区或由疫区传出的一种强制措施，是保护当地农业生产和环境安全的第一道屏障，也是有效预防危险性病虫草害等有害生物入侵的第一道屏障。《中华人民共和国植物检疫条例》规定：凡种子、苗木或其他繁殖材料，在调出本行政区域以前，必须经过当地植物检疫部门的检验检疫，合格后才能凭调运检疫证书实施调运。而在当地繁殖的种子、苗木或其他繁殖材料，必须经当地植物检疫部门实施产地检疫，生产地块、繁殖材料经检验检疫合格后，才能实施生产，产出的产品也必须经过检验检疫，确认不带有检疫性有害生物后才能凭借产地检疫合格证进行加工、销售，需要调出的，必须凭产地检疫合格证办理调运检疫手续后，才能调出。同样，外地的种子、苗木和其他繁殖材料在调入本地前，必须征得调入地检疫部门的批准，凭调出地的调运检疫证书才能调入。

另外，本地生产的植物或者未经加工，或者虽然经过加工但是依然有可能携带检疫性有害生物的植物产品，在调出本行政区域前，也必须经过检验检疫，合格后才能调运，比如当地生产的蔬菜、水果、粮食、花生以及稻草帘、苇帘、草袋等等，调出本地前必须经过检验检疫，经检验检疫合格后才能调运。同样，外地的这些产品，在调入本地以前，也必须经过调出地植物检疫部门的检验检疫，凭借调运检疫证书才能调运到本地。

二、农业防治

农业防治就是通过合理调整生产管理和技术措施，创造不利于病虫草害生长发育的环境，进而控制其为害的方法。主要手段有：选育抗病虫或耐病虫品种，建立无病种苗基地、改变耕作模式、轮作倒茬、科学合理的灌溉、实施配方施肥等。

抗性品种的应用：例如，抗虫棉的引进推广，终于把棉铃虫对棉花的为害降到了最低，但是需要指出的是，一些农民为了省钱，在棉花收获后，利用抗虫棉生产的棉籽继续播种，这是极其危险的，因为棉铃虫的抗性很强，一旦它适应了抗虫棉二代或者三代的抗性因子，棉花生产将面临灭顶之灾。

建立无病种苗基地：就是在育苗期间，选择没有种植过将要生产的产品的地块，来培育种苗。但是要明确的一点是，所选择的地块的前茬作物，不能带有和计划要种植的作物有互相感染的病虫害，否则是徒劳的，甚至会造成不必要的损失。例如廊坊市周边的广阳、安次区，因为多年种植番茄，近年根结线虫病发生较重，因此在育苗时要在未曾发生根结线虫的生茬土育苗，减少

病原基数，减轻根结线虫的发生为害。

改变种植方式：比如，通过起垄栽培可以阻断病虫害流行的环节，从而达到防病的目的。尤其在蔬菜生产中，通过把平畦栽培改为高垄栽培，就能有效控制个体之间病害随水传播，从而减轻为害。

轮作倒茬：我们都知道，西瓜是不能连作的，因为重茬的话，土传病害会发生的很严重，轻者减产，重者绝收。所以采取不同的作物合理轮作倒茬，是减轻病虫害为害的有效手段。像防治番茄根结线虫病，可以采取改种大田作物的方式来防治，效果肯定明显。

科学合理灌溉：水是宝贵的，但是也是造成病害流行的介质。通过科学合理的灌溉方式，改善田间小气候，有效降低田间湿度，比如改大水漫灌为滴灌、管灌，按照作物的生育期，采取不同的灌溉标准，就能既满足作物生长需求，又能有效减轻病害。

配方施肥：配方施肥就是依据地块的土壤养分结构，采取配方施肥措施，既能减少投入，又能培育壮苗，从而提高作物本身的抗逆性，达到防病的目的。

三、物理防治

物理防治就是利用物理方法防治病虫害的方法。主要手段有：诱杀、捕杀、温汤浸种、紫外线杀菌、除草膜、避蚜膜、防虫网的应用等。

诱杀：就是利用害虫的某种趋性，通过人为设置的手段诱集害虫并杀死的手段。例如利用一些害虫的趋光性，利用高压汞灯、黑光灯、频振灯进行诱杀；利用温室白粉虱、蚜虫对黄色的趋性采用黄板诱杀；利用杨树枝把诱杀棉铃虫等。

捕杀：就是采取人工捕捉的方式消灭害虫。比如利用金龟子的假死性，捕杀金龟子；利用春季挖树盘的方式防治果树上的食心虫等。

温汤浸种：在蔬菜育苗时应用比较广，主要是利用不同温度的水，来杀死附着在种子表面的病菌，从而为培育无病种苗奠定基础。

紫外线杀菌：就是我们通常使用的播种前晒种，它是利用太阳光中的紫外线杀灭病菌的一种有效手段。

除草膜、避蚜膜、防虫网的应用：除草膜就是一种用于除草的地膜，铺设以后可以避免杂草生长，进而实现控制为害的目的。避蚜膜就是银灰反光膜，通过它的应用，能有效减轻蚜虫为害。防虫网主要是应用在温室大棚的生产中，通过在棚内设置防虫网，实现阻止害虫侵入，达到防治害虫的目的。

四、生物防治

生物防治就是利用有益生物或者生物的代谢产物来防治病虫害的方法。生物防治主要包括：以虫治虫，以菌治虫，以菌治菌，其他有益生物的利用，颉颃作用，交互保护和信息化学物质的利用等。比如用瓢虫防治蚜虫，通过人工饲养和释放赤眼蜂防治玉米螟。近几年，在蝗区养鸡、鸭子防治飞蝗，取得了很好的效果。

五、化学防治

化学防治就是使用农药对病虫害进行防治的方法，是最常见也是最常用的防治方法，但也是没有办法的办法。化学防治的优点在于能够快速、高效、及时的对病虫害进行防治，具有广谱性和使用方便的特点。但是，化学防治也存在很多缺点：比如容易引起人畜中毒、污染环境、杀伤有益生物、破坏生态平衡、病虫害容易产生抗药性等。

第四节　科学合理使用农药

近年来，农作物病草害的发生与为害呈逐年加重的趋势，农药作为一种重要的生产资料，对农业保持稳产、丰产起到了很大作用，现在生产上应用农药品种众多。因此，如何科学合理使用农药对农业增产增收具有重要意义。

一、农药使用存在的问题

科学使用农药在防治病虫、杂草等灾害方面的作用是积极的，但是，过去由于人们对自然界之间的相互依存、相互制约的规律认识不够，过分依赖化学农药的杀伤作用而滥用农药，缺乏生态的整体观念，从而导致了一系列令人忧虑的问题，比较突出的有几个方面。

1. 引起抗药性

长期使用同种农药，导致了病虫害的抗药性的产生，使化学农药效力大大下降，从而不得不提高单位面积的施药次数，提高了防治费用。

2. 引起灾害再猖厥和次要灾害的大发生

如经常大面积施药防治国槐尺蠖的地区，除了增强国槐尺蠖的生活力和抗药性性外，由于杀伤了大量天敌，反而引起了国槐尺蠖频繁猖獗，同时又可引起其他次要害虫的猖獗。

3. 污染环境，产生残害问题

农药不仅可直接污染环境，或通过沟渠、河流、湖海而散播，或经生物界的食物链的关系，逐步浓缩构成对生态系的影响，而且农产品中残毒也是值得注意的问题。

4. 杀伤天敌，破坏生态平衡

天敌是生态系的重要成员，往往一种天敌能食多种害虫，因此抑制着许多次要害虫，使之不易造成经济损失。而不合理的化学防治，特别是全部施药防治，必然导致天敌大量死亡，破坏生态平衡。

二、科学合理使用农药

1. 熟悉病虫种类，了解农药性质，对症下药

各种药剂都有一定的性能及防治范围，即使是广谱性药剂也不可能对所有的作物病害或作物虫害都有效。一般杀虫剂不能治病，杀菌剂不能治虫。敌百虫对菜青虫、跳甲很好，对蚜虫的效果很差，防治白粉病则要选择“粉锈宁”“烯唑醇”等药剂，防治各类作物的晚疫病，要选择对鞭毛菌亚门真菌效果较好的“克露”“甲霜灵”“普力克”等，因此，在施药前首先要了解田间病虫害的发生状况，根据实际发生情况选择最合适的药剂品种，切实做到对症下药，以免用药错误，影响防效，甚至造成更大的为害。在防治病虫害选用的农药种类和剂型时，应选用即能取得防治效果，又没有副作用的农药。用药前，必须了解药剂的性能和防治对象，做到对症下药。

2. 严格防治指标，做到适期防治

要掌握防治病虫的关键时期，因为每一种病虫草害，都要达到一定的防治指标时才有必要用药剂防治。因此要在预测预报的基础上，确切了解病虫发生发展的动态，抓住病虫草害最敏感的阶段或最薄弱的环节进行施药，做到治早治小，才能取得最好的防治效果。过早或过晚使用都会影响防治效果。

（1）害虫防治。一般药剂防治害虫时，应在害虫的幼龄期。害虫在幼龄期抗药力弱，有些害虫在早期有群集性，若防治过迟，不仅害虫已造成损失，而且虫龄越大，抗药性越强，防治效果也越差，而且此时天敌数量较多，药剂也易杀伤天敌。许多钻蛀性害虫和地下害虫要到一定龄期才开始蛀孔和入土，及早用药，效果比较明显。

（2）病害防治。对于病害一般要掌握在发病初期施药，因为一旦病菌侵入植物体内，药剂较难发挥作用。

（3）杂草防除。对于杂草，要掌握在杂草对除草剂最敏感的时期施药，一般在杂草苗期进行最为有利。有时为了避免伤害农作物，也常在播种前或发芽前进行。

（4）影响防治的环境条件。可在气温为20～30℃的晴天早晚，或阴天无风或微风时施药，不能在晴天的中午气温高、刮大风、降雨天施药；进入雨季，应选择内吸性药剂或选择耐雨水冲刷的药剂。在保护地内，宜在晴天上午喷药，并要注意天气变化，烟剂和粉尘剂宜在傍晚使用；在刮大风等天气来临前，不宜采用喷雾法。

（5）注意事项。在蔬菜收获前一段时间，要停止使用化学农药，特别是需多次采收的茄果类和瓜类蔬菜。

3. 掌握喷药技术

使用药剂防治病虫害，必须使农药与病虫接触或者使农药随取食植物进入昆虫肠道，或者药剂直接喷洒到病菌上将其杀死，或者在植物表面形成保护膜，阻止病菌侵入植物组织。要使农药充分发挥效益就必须掌握喷药技术，以达到用少量农药收到较高防效的目的。

（1）正确掌握用药量。无论那一种农药，施药浓度或用药量都要适当。用药量过大不但污染环境，而且植物易产生药害，药量太小，无效果，造成人力物力上浪费。

（2）交替轮换用药。长期施用一种农药防治一种害虫或病害，易使害虫或病菌产生抗药性，降低防治效果。经常轮换使用几种不同类型的农药，是防治害虫或病菌产生抗药性的有效措施。交替轮换用药，防止抗性产生。要注意因地、因时、因病虫制宜，农户可根据防治对象买3～4种不同剂型和杀虫机理的农药交替轮换使用。

（3）控制施药次数。在调查和保护环境的基础上，根据病虫发生发展情况，决定施药次数，决不能不管病虫情况，随意施药。

（4）选择合适的施药器具。用喷雾器或喷粉器将农药均匀地覆盖在目标上（作物、病虫、杂草），通过触杀或胃毒或熏蒸等作用，收到好的防治效果。

（5）严格农药使用浓度，防止抗性药害产生。在农药配制上，有的农民不相信推荐剂量，任意加大用药浓度；有的简单配药不用量具，数量不准，结果不仅浪费严重，而且使作物发生药害，使病虫的抗药性增强。因此，要严格按照农药配制标准进行配比，大力推广应用超低容量喷雾技术。

（6）科学合理混用农药。各种农药各有其优缺点，混合使用可以互补缺点，发挥所长，起到增效或兼治两种以上病虫害。但是，混用并不是所有的农药都适宜，更不是种类越多越好，混用不当，会产生分解、沉淀、油水分离不正常现象。不但达不到混用效果，还会引起作物药害和毒害加重。

（7）使用高效低毒或生物农药。田间天敌可以更有效地控制害虫数量，收到减少用药次数、降低防治成本、减轻环境污染等事半功倍的效果。然而高毒农药在杀灭病虫害的同时也杀死了田间天敌。

（8）严格按照国家规定的农药安全使用间隔期采收。农药安全间隔期是指农作物最后一次施药时间距收获的天数，这是减少农产品中的农药残留、防止残毒的重要环节之一，是保障消费者身体健康的重要手段。

（9）严禁将剧毒、高毒、高残留农药用在果树、蔬菜上。使用农药一定要按照国家颁发的《农药安全使用规定》《农药安全使用标准》《农药合理使用准则》等规定执行，严禁剧毒、高毒、高残留农药在蔬菜、瓜果上使用，切不可随意扩大使用范围、改变使用方法。

三、农作物药害产生及预防

科学使用农药，能有效地控制病虫害，确保农业增产，提高产品质量。但如用药不当，可能会现药害。药害是指农药使用后，对作物产生的损害，是农药施用到作物上所产生的不良作用，或在壤中的残留对后茬作物的不良影响。

1. 药害产生的原因

每年都有大量的药害事故发生，之所以出现这些情况总结起来有以下几个原因。

（1）目前市场上可选购的农药种类很多。农户文化水平偏低，农药专业知识较少，往往盲目使用农药，因此经常造成药害事故。

（2）用药不当造成的，如把农药用在敏感的作物上，或在作物敏感的生育期施用，或用药量过大，或是混用不合理，施药不匀或重复喷药等。有的农户在农田用药时，由于没有计量工具，常私自增加药剂用量，认为“浓度越高，效果越好”，造成污染残留、病虫抗性增强等系列问题；有的农户，在使用农药时，贪图省事，经常擅自“复配”农药，使药剂效果降低或无效，有的甚至产生意想不到的药害。

（3）施药时农药飘移到敏感的作物上；如施用敌敌畏时，可使邻地高粱产生飘移药害；又如在小麦田施用2,4-D丁酯时，会使附近的果树、蔬菜等作物产生飘移药害。

（4）使用过除草剂的喷雾器具未清洗干净而造成的。

（5）残留在土壤中的农药及其分解物所引起的。

2. 预防药害的基本措施

预防药害应本着以预防为主，防患于未然的原则。防止药害的基本措施如下。

（1）充分了解药剂的基本性质，严格控制使用剂量和浓度，选用正确的使用时期和方法，不能随意增加药量和次数。了解所有药剂使用注意事项。不能任意提高用药量和改变使用方法。

（2）了解药剂的质量。如乳油稳定性差，易分层、大量沉淀或析出许多晶体；可湿性粉剂和胶悬剂的悬浮率降低；粉剂含水量过高，都会产生不同程度的药害。

（3）提高施药的技术水平，注意配制方法，减少药害发生的可能性。

（4）注意被保护作物种类及不同生育期特点，掌握对药剂敏感的作物种类及作物不同生育期的耐药力，选择适宜品种和剂量，避免产生药害。

（5）注意施药时的环境条件，温度高于30℃、强烈阳光照射、相对湿度低于50%、风速超过3级（大于5米/秒），雨天或露水很大时不能施药。

（6）农药混用时，注意所用混配品种对作物的适应性，混用后要降低残效长的农药用量，减少二次药害发生的可能性。

（7）对当地未曾用过的农药，在使用前必须进行小面积的药害试验。

（8）对丢失标签的、无生产许可证、无商标、未经国家审批登记的农药，不能使用，以免出现药害问题。

在药害不严重的情况下，可采取喷水淋洗作物、增施速效性肥料、加强农田管理、施用植物生长调节剂及解毒剂等措施补救。药害发生严重时，应抓紧时机，在考虑二次药害的前提下，及时补苗或改种，不要因一味追究责任而延误农时。

3. 部分常用农药的敏感作物

有的农作物对农药敏感，施用后会对作物造成伤害，不宜施用。如果随便乱施可能会造成严重的后果。针对此种情况，下面就来了解一下常见农药对作物的敏感对象。

（1）农作物对杀虫剂的敏感。乐果或氧化乐果：猕猴桃、人参果对乐果、氧化乐果特别敏感，禁用。氧化乐果禁止在果树上使用。啤酒花、菊科植物、高粱有些品种及烟草、枣树、桃、李、杏、梅、橄榄、无花果、柑橘等作物，易产生药害，施用时一定慎重或不用；对水倍数在 1 500 倍以下的乐果或氧乐果乳油敏感，使用时先作试验，才能确定其使用浓度。花生使用次数过多，会使子叶夜间不合拢，使用前要注意使用浓度。

敌百虫：对核果类、桃树、猕猴桃很敏感，禁用。对玉米、苹果、高粱、豆类特别敏感，容易产生药害；瓜类幼苗、玉米、苹果（曙光、元帅等品种）早期对敌百虫也易产生药害。

敌敌畏：核果类果树、猕猴桃很敏感，禁用，如桃树在硬核期之前喷敌敌畏、敌百虫、乐果等，易造成落果。对高粱、豆类、月季、玉米、瓜类幼苗及柳树较敏感，要慎用，稀释不能低于 800 倍。对南瓜、冬瓜、西葫芦等瓜类作物，易产生药害。

扑虱灵：药液不要直接接触到白菜、萝卜，否则将出现褐斑及绿叶白化现象。

乐斯本（毒死蜱）：对瓜类幼苗有药害，应在瓜蔓 1 米长以后用，同时要避开在一些作物花期上使用；对烟草敏感。

速扑杀：避免花期使用，以免引起药害。浓度随意加大，会引起褐色叶斑。在 6—7 月，气温超过 30℃以上用 800~1 000 倍，幼果极易产生药害。

水胺硫磷：禁止在茶、蔬菜、烟草、果树、中药材上使用。在桃树上使用易产生落叶落果。

马拉硫磷：瓜类、高粱、樱桃、苹果的一些品种、梨、桃、葡萄、豆类和十字花科、番茄幼苗作等物对该药敏感，不宜使用。

辛硫磷：高粱敏感不宜喷施，玉米只可用颗粒剂防治玉米螟。对黄瓜、西瓜等瓜类、豆类、芋头、甜菜、水稻、玉米等敏感，容易产生药害，50%乳油 500 倍液喷雾有药害，1 000 倍液时也可能有轻微药害。15%制剂在蔬菜上使用倍数应在 1 500 左右，高温对叶菜敏感，易烧叶。拌闷种时，应适当降低剂量和闷种时间。辛硫磷由于见光易分解，要避免在西瓜生长期、萝卜和叶菜苗期上使用（甚至生长期上不用），其他作物要避免在强光条件下使用，在田间喷雾时最好在傍晚进行。

哒嗪硫磷：不能与 2,4-D 除草剂同时使用，如两药使用的间隔期太短，易产生药害。

呋喃丹：只能作根际埋施用药，不能溶水喷洒。

吡虫啉：豆类、瓜类敏感。

三氯杀螨醇和三氯杀螨砜：对某些苹果、梨敏感，气温低、潮湿天气更严重。三氯杀螨醇禁止在茶、果上使用。

机油乳剂：萌芽期和花期喷机油乳剂 150 倍液+40%水胺硫磷 1 200~1 500 倍液，引起药害，喷过机油乳剂后 10~15 天才能喷石硫合剂、波尔多液；喷过松碱合剂 1 周内不得使用有机磷农药，20 天内不得喷石硫合剂。

杀虫双：对棉花、豆类、马铃薯上使用易产生药害，在夏季高湿季节使用对白菜、甘蓝等十字花科蔬菜幼苗等作物易产生药害。

杀虫单：对棉花、烟草、四季豆、马铃薯及某些豆类有药害。据称对马铃薯、高粱和十字花科幼苗敏感，另外，高温、弱苗常敏感。

克螨特：梨树禁用。25 厘米以下瓜、豆、棉苗稀释不低于 3 000 倍。

（2）农作物对杀菌剂的敏感。百菌清：在梨、柿树上使用，易产生药害，不宜使用。对桃、李易产生药害，施用时一定慎重或不用。苹果落花后 20 天内也不能使用。

退菌特：对桃、李较敏感，尤其是桃树，应慎用。

代森锰锌：不宜用于毛豆、葡萄幼果期，烟草、葫芦科作物、某些梨树品种慎用。梨小果时施用代森锰锌易出现果面斑点。

托布津：防治猕猴桃的病虫害时，应避免使用托布津。可与多种农药，包括碱性药剂混用，但不宜与铜制剂混用。

多菌灵：可与一般杀菌剂混用，但要随配随用。不能与铜制剂混用。

氟硅唑：某些梨品种幼果期（5月以前）很敏感，忌用。

代森铵：对大豆敏感，不宜使用。

三唑酮：不宜用于白菜、豆类、芥菜、黄瓜、番茄苗期。

波尔多液：对桃、李、杏、梅、柿、白菜、菜豆、莴苣、大豆、小麦敏感，不宜使用，对果树生长期也比较敏感，不宜使用，对其他作物花期也比较敏感，严禁使用。

石硫合剂：梨、李、桃、葡萄、豆类、马铃薯、番茄、葱、姜、甜瓜、黄瓜、白菜、大小麦、草莓、茶叶等，在组织幼嫩时施用易产生药害，应禁止使用；最好在落叶季节喷洒，切勿在生长季节或花果期使用。对猕猴桃、葡萄、黄瓜及豆科的花卉均有一定的药害。

可杀得、冠菌铜、硫酸铜：不宜用于各种作物花期、幼果期。

（3）农作物对除草剂的敏感。西玛津：对十字花科蔬菜、麦类、大豆、水稻、桃、棉花敏感，不宜使用。

拉索、稳杀得、精稳杀得、盖草能、拿捕净、氟乐灵、草甘膦：对禾本科作物较敏感，易产生药害。

农得时：对菠菜、甜菜、黄瓜敏感，不宜使用。

虎威：对甜菜、果树、油菜敏感，不宜使用。

2,4-D：对大豆、马铃薯、瓜类、烟草、向日葵、棉花、油菜等双子叶植物药害严重，不宜使用。

二甲四氯：对棉、麻、等作物较敏感，应注意。

4. 产生药害后及时补救的基本方法

在药害不严重的情况下，可用以下措施补救。

（1）喷清水冲洗植株，碱性农药产生的药害喷施酸性物质（如醋），酸性农药产生的药害喷施加入碱性物质（如0.1%的生石灰或肥皂）。

（2）及时摘除受害枝叶。

（3）及时灌水，有利于稀释根部的残留农药。

（4）喷植物生长调节剂。

（5）增施速效肥料、及时浇水、中耕除草、加强农田管理，使作物恢复正常生长。

在药害发生严重时，应抓住时机，及时补苗或改种，把损失降低到最低点。

第五节　水稻配方施肥技术

水稻是我国的主要粮食作物，在南北方都有种植。播种面积近5亿亩，占全国粮食作物种植面积的29.1%，占全国粮食总产量的43.7%。由于种植地区气候、土壤等条件的差异，因此在水稻配方施肥技术上也具有一定差异。

一、水稻的需肥规律

水稻生育期中有两个需肥高峰：一是分蘖期，二是幼穗形成至孕穗期。双季早晚稻生育期较短，往往在移栽后2~3周内形成吸肥高峰。氮素一般在返青至分蘖期营养效率最高，磷和钾在拔节期营养效率最大；单季稻生育期较长，对氮磷钾的吸肥高峰在分蘖期和幼穗分化后期。一般来说，从移栽到分蘖终期，早稻对氮磷钾的吸收量高于晚稻，尤其是氮。从出穗至结实成熟期，

晚稻氮吸收量增加很快，早稻吸收氮磷钾有所下降，晚稻后期对养分的吸收高于早稻。中稻从移栽到分蘖停止时，氮、磷、钾吸收量均已接近总吸收量的50%，在幼穗分化至抽穗期和分蘖期是养分吸收高峰期。杂交水稻在分蘖至孕穗是养分高峰期，占总吸收量的60%~70%，且对氮的吸收在分蘖期高于幼穗形成期，对磷、钾的吸收则以幼穗形成期最多。杂交稻在齐穗至成熟期对养分需求较多，占20%~30%。

一般每生产稻谷100千克，需吸收氮（N）1.8~2.5千克、磷（P_2O_5）0.8~1.3千克、钾（K_2O）1.8~3.2千克，N：P_2O_5：K_2O的比例为1.8：1.1：2.1。

二、水稻的配方施肥技术

1. 水稻的施肥量

水稻对氮、磷、钾等营养元素的吸收受品种、土壤、气候及耕作等条件影响，其当季养分需求来自土壤和施肥，约各占一半。合理的施肥量是根据各养分的分级范围、相应的作物及其目标产量来确定。常见的氮、磷、钾的施肥推荐参考表10-1、表10-2、表10-3。

表10-1　基于土壤有机质水平的水稻施氮推荐量

目标产量（千克/亩）	土壤有机质含量（克/千克）			
	<10	10~20	20~30	>30
<300	8	6	3	0
300~400	10	8	5	3
400~500	12	10	8	6
500~600	14	12	11	8
>600	17	15	13	10

表 10-2　基于土壤速效磷分级的水稻施磷推荐量

目标产量（千克/亩）	土壤速效磷含量（毫克/升）					
	0~7	7~12	12~24	24~40	40~60	>60
<300	6	3	2	0	0	0
300~400	7	4	3	2	0	0
400~500	8	6	4	3	0	0
500~600	10	8	6	5	4	2
>600	12	10	8	6	5	3

表 10-3　基于土壤速效钾分级的水稻施钾推荐量

目标产量（千克/亩）	土壤速效钾含量（毫克/升）					
	0~40	40~60	60~80	80~100	100~140	>60
<300	6	4	2	0	0	0
300~400	7	5	3	2	0	0
400~500	8	6	4	3	0	0
500~600	10	8	6	5	3	0
>600	11	9	7	6	4	2

2. 水稻的配方施肥技术

水稻高产的施肥时期一般可分为基肥、分蘖肥、穗肥、粒肥4个时期。在施肥上要做到一般重施基肥、中追肥、轻后补，肥田前重中补后控，前重，要重施底肥和返青肥，轻施穗肥，补施粒肥。底肥磷钾肥施入90%左右，氮肥占总氮肥量60%，返青肥氮肥占总氮量的35%，穗肥和粒肥占氮肥总量5%，根据长相施用磷钾肥和氮肥，在生长后期控制化肥使用量，防贪青倒伏及晚熟。

（1）基肥。水稻基肥一般以有机肥为主，每亩施优质腐熟农家肥1 000~2 000千克，配合适量化肥，其中磷钾肥可作为基

肥一次施入，速效氮肥总量的30%～50%可以作为基肥施用，一般结合最后一次耙田施用。

（2）分蘖肥。分蘖肥分二次施用，一次在返青后，在施足基肥的基础上早施分蘖肥，用量占氮肥的25%左右，目的在于促蘖；另一次分蘖盛期作为调整肥，用量在10%左右。目的在于保证全田生长整齐，并起到促蘖成穗的作用。后一次的调整肥施用与否主要看群体长势来决定。

（3）穗肥。根据追肥的时期和所追肥料的作用，可分为促花肥和保花肥，促花肥是在穗轴分化期至颖花分化期施用，此期施氮具促进枝梗和颖花分化的作用，增加每穗颖花数。保花肥是在花粉细胞减数分裂期稍前施用，具防止颖花退化，增加茎鞘贮藏物积累的作用。在生产实践中，穗肥一般不分促花肥和保花肥，而在移栽后40～50天时施用。

（4）粒肥。水稻后期施用粒肥可以提高籽粒成熟度，增加千粒重，减少空秕粒的作用。尤其要控制好粒肥施用量和施肥方式。尤其群体偏小的稻田及穗型大、灌浆期长的品种，施用粒肥显得更有意义。

三、不同类型水稻的配方施肥技术

1. 双季早稻

双季早稻大田营养生长期短，秧苗小，移栽时温度低，肥料分解慢，后期温度提高，分解加快，在只施用有机肥作基肥、化肥全作追肥的情况下，前期土壤养分较难满足早稻早生快发的要求，而后期则容易出现贪青晚熟；若不施有机肥、或基肥多追肥少，则后期容易发生脱肥现象。所以基追比例应分配适当。早稻早期需要速效氮肥的程度比单季稻和后季稻更为迫切。氮肥一般以一次全耕层做基肥较好，但在后劲较差的田块上则应适当施保花肥，而在肥力高和晚发田上，基肥用量应适当控制，稳肥则一般不宜施用。一次全耕层施肥法在保肥力较好的土壤上较适用；在高温多雨地区及土层瘠薄、保肥力差的田地应重视穗肥的施用，且穗肥以保花肥为主。另外，早稻还应重视施足磷肥，基肥不宜施过深而以混施全耕层为宜。

其施肥要点概括如下：一是要重施基肥，二是要早施分蘖肥，三是要适施穗肥，四是要酌施粒肥。其中有机肥、磷肥及中微量元素肥料全作基肥，化学氮肥施用比例为：基肥：分蘖肥：穗肥：粒肥=6：2：1：1，化学钾肥施用比例为：基肥：分蘖肥：穗肥：粒肥=4：2：2：1。

2. 双季晚稻

双季晚稻的特点是秧龄长，秧苗大，插秧深，故氮肥以深翻到耕作层下层最好；另外，早稻收割时是一年中土壤速效钾含量最低的时期，故双季晚稻应重视钾肥的施用。将早稻秸秆切断还田，不仅可提供养分，尤其能供应较多的钾，又起到松土、改土作用。施氮要采取“控”的策略，即多施钾肥少施磷肥控氮并早施。在早稻施足磷肥的稻田，晚稻可以少施磷肥或不施磷肥。如果用复合肥作追肥，可选用氮钾二元复合肥。如每亩追25%复混肥25~30千克加氯化钾5千克，其肥效接近于20~25千克的45%复合肥，而前者的施肥成本比后者低1/3以上。对于20%氮钾复混肥，可每亩施30~35千克。也可用尿素15~20千克，氯化钾10~15千克追施。如果底肥施了碳铵或复合肥，则追肥一般使用单质肥，每亩用尿素10~15千克，钾肥5~15千克施用。前作是玉米、早稻等耗肥作物，则晚稻要保证适当的施氮水平，每亩追施氮肥折尿素15~20千克，不要盲目减氮；前作是西瓜、辣椒等蔬菜，一般每亩用尿素7.5~10千克；前作是黄豆、花生等豆科作物的晚稻可少施氮肥，一般每亩施尿素5~7.5千克。

对于稻草还田的，尤其要注意早施速效氮肥，以防止微生物夺氮引起土壤暂时缺氮现象，一般在晚稻插（抛）后5天左右追

施氮肥，并与钾肥一并施用。

3. 常规单季稻

常规单季稻的特点是生长期比较长，施肥主要是基肥和穗肥相结合，基肥应以有机肥为主，配合适量速效化肥，适时适量施用穗肥是单季稻稳产高产的关键。到圆秆拔节期叶色转淡时施用适量促花肥（5~7 千克尿素/亩），开花时再施相同数量的保花肥，如抽穗后叶色明显落黄，则应补施 2~3 千克/亩尿素作粒肥。

4. 杂交水稻

杂交水稻生产单位数量稻谷所吸收的氮、磷量比一般品种稍少，而吸钾量则显著增加。因此，对杂交水稻要注意增施钾肥，提高钾氮比；在施肥方法上，则应以基肥为主（占施肥总量的70%~75%），有机肥化肥相配合深施。产量高的稻田需都采用重前期（基肥、蘖肥），保后期（穗肥、粒肥），控中期的施肥技术。

表 10-4 列出的双季稻（包括早稻、中稻、晚稻）的 57 个配方，施用方法需因地制宜使用。一般中、低产稻田用量可以高些，高产稻田用量适当低些。福建、广东、广西壮族自治区等省、自治区稻田土壤普遍缺钾，宜选择 1~22 配方方案；云南、贵州、湖南、湖北、四川等省土壤普遍缺磷又缺钾，宜选择 23~45 方案，施用磷、钾肥都有增产效果；浙江、江苏、上海、安徽等省、市施用氮肥对增产非常重要，宜选择 46~57 方案，应多施氮肥，再配合适量的磷、钾肥。双季稻产量为 6 750 千克/公顷（450 千克/亩），需施氮肥 150~190 千克/公顷（10~12.67 千克/亩），$N-P_2O_5-K_2O$ 的平均施肥量为 180-90-135 千克/公顷（12-6-14 千克/亩）；单季稻产量为 8 250 千克/公顷（550 千克/亩），需施氮肥（N）180~240 千克/公顷（12~16 千克/亩），$N-P_2O_5-K_2O$ 的平均施肥量为

210-135-105 千克/公顷（14-9-7 千克/亩）。

表 10-4　双季稻配方施肥中氮、磷、钾用量与比例

配方号	养分总用量	纯养分用量			比例
		N	P_2O_5	K_2O	（N：P_2O_5：K_2O）
1	18.8	7.8	5.0	6.0	1：0.64：0.77
2	18.0	7.7	4.0	6.3	1：0.52：0.82
3	17.0	7.8	2.7	6.5	1：0.35：0.83
4	14.0	6.0	3.0	5.0	1：0.50：0.83
5	15.0	6.5	2.7	5.8	1：0.42：0.89
6	16.1	6.8	3.0	6.3	1：0.44：0.92
7	16.5	7.0	3.2	6.0	1：0.50：0.85
8	20.5	10.5	3.5	6.5	1：0.28：0.62
9	21.7	11.7	3.0	7.0	1：0.25：0.60
10	28.5	15.5	4.5	8.5	1：0.29：0.55
11	13.0	7.5	5.5	0.0	0.1：13.7
12	13.8	7.8	6.0	0.0	0.1：16.8
13	13.5	8.0	5.5	0.0	0.1：9.7
14	11.0	6.0	5.0	0.0	0.1：23.8
15	10.5	5.5	5.0	0.0	0.1：30.9
16	16.5	7.0	3.5	6.0	1：0.50：0.85
17	19.5	8.5	4.0	7.0	1：0.47：0.82
18	23.5	10.0	5.0	8.5	1：0.50：0.80
19	25.0	11.5	5.0	8.5	1：0.43：0.74
20	14.5	7.5	2.5	5.0	1：0.33：0.66
21	17.0	8.5	3.0	5.5	1：0.35：0.64
22	21.0	10.5	4.0	6.5	1：0.38：0.62

（续表）

配方号	养分总用量	纯养分用量			比例 （$N:P_2O_5:K_2O$）
		N	P_2O_5	K_2O	
23	12.0	8.0	4.0	0.0	1：0：5：0
24	12.0	8.0	0.0	4.0	1：0：0.5
25	16.0	8.0	4.0	4.0	1：0.5：0.5
26	20.0	8.0	8.0	4.0	1：1：0.5
27	20.0	8.0	4.0	8.0	1：0.5：1
28	14.0	7.0	3.5	3.5	1：0.5：0.5
29	17.5	7.0	3.5	7.0	1：0.5：1
30	15.0	10.0	5.0	0.0	1：0.5：0
31	20.0	10.0	5.0	5.0	1：0.5：0.5
32	25.0	10.0	5.0	10.0	1：0.5：1
33	16.0	12.0	4.0	0.0	1：0.3：0
34	16.0	8.0	4.0	4.0	1：0.5：0.5
35	20.0	8.0	4.0	8.0	1：0.5：1
36	16.5	10.0	2.5	4.0	1：0.25：0.40
37	20.0	10.0	2.0	8.0	1：0.2：0.8
38	18.0	11.0	3.0	4.0	1：0.27：0.36
39	23.0	11.0	3.5	8.5	1：0.32：0.77
40	20.0	10.0	5.0	5.0	1：0.5：0.5
41	22.5	10.0	5.0	7.5	1：0.5：0.75
42	12.0	8.0	4.0	0.0	1：0.50：0
43	13.5	8.5	5.0	0.0	1：0.59：0
44	13.5	9.0	4.5	0.0	1：0.50：0
45	16.0	10.0	6.0	0.0	1：0.60：0
46	18.2	8.0	6.2	4.0	1：0.77：0.50

（续表）

配方号	养分总用量	纯养分用量			比例 ($N:P_2O_5:K_2O$)
		N	P_2O_5	K_2O	
47	18.5	8.0	4.0	6.5	1:0.5:0.8
48	12.0	8.0	0.0	4.0	1:0:0.5
49	16.0	8.0	4.0	4.0	1:0.5:0.5
50	20.0	8.0	8.0	4.0	1:1:0.5
51	20.0	8.0	4.0	8.0	1:0.5:1
52	15.0	10.0	5.0	0.0	1:0.5:0
53	15.0	10.0	0.0	5.0	1:0:0.5
54	20.0	10.0	5.0	5.0	1:0.5:0.5
55	18.0	10.0	3.0	5.0	1:0.3:0.5
56	25.0	10.0	10.0	5.0	1:1:0.5
57	25.0	10.0	5.0	10.0	1:0.5:1

单季稻生长期长，施肥的重心在基肥和穗肥，基肥以有机肥为主；拔节期叶色淡时酌施促花肥；抽穗后若叶色落黄，施粒肥。本配方表主要针对北方单季稻种植区，这些地区水稻施肥多数以氮、磷化肥为主，钾肥施用量不多。随着水稻产量不断提高，氮肥施用量增加，而造成养分间失衡，从而降低了氮肥的利用率。为了解决氮、磷、钾元素相互协调，在此配方方案中可选择二元或三元配方方案。在每亩产水稻 500 千克以上的地方，选择氮、磷、钾配方方案，对增加水稻产量和改善稻米质量是有明显效果的。选择配方应注意钾肥施用，可选用 29~40 方案进行施用（表 10-5）。

表 10-5　单季稻配方施肥中氮、磷、钾用量与比例

配方号	养分总用量	纯养分用量			比例
		N	P_2O_5	K_2O	（N：P_2O_5：K_2O）
1	14.6	11.6	3.0	0.0	1：0.26：0
2	14.0	10.0	4.0	0.0	1：0.4：0
3	15.7	12.3	3.4	0.0	1：0.28：0
4	18.3	12.8	5.5	0.0	1：0.43：0
5	19.6	9.6	10.0	0.0	1：1.04：0
6	15.6	9.6	6.0	0.0	1：0.63：0
7	18.6	12.6	6.0	0.0	1：0.48：0
8	14.0	10.0	4.0	0.0	1：0.4：0
9	15.0	7.0	8.0	0.0	1：1.14：0
10	20.0	10.0	10.0	0.0	1：1：0
11	14.0	9.0	5.0	0.0	1：0.56：0
12	15.0	10.0	5.0	0.0	1：0.5：0
13	17.0	10.0	7.0	0.0	1：0.7：0
14	16.0	11.0	5.0	0.0	1：0.45：0
15	16.0	12.0	4.0	0.0	1：0.33：0
16	18.0	12.0	6.0	0.0	1：0.5：0
17	17.0	13.0	4.0	0.0	1：0.31：0
18	18.0	13.0	5.0	0.0	1：0.38：0
19	19.0	13.0	6.0	0.0	1：0.46：0
20	20.0	13.0	7.0	0.0	1：0.54：0
21	18.0	14.0	4.0	0.0	1：0.29：0
22	19.0	14.0	5.0	0.0	1：0.36：0

（续表）

配方号	养分总用量	纯养分用量			比例
		N	P_2O_5	K_2O	（N：P_2O_5：K_2O）
23	20.0	14.0	6.0	0.0	1：0.43：0
24	21.0	15.0	7.0	0.0	1：0.5：0
25	19.0	15.0	4.0	0.0	1：0.27：0
26	20.0	15.0	5.0	0.0	1：0.33：0
27	21.0	15.0	6.0	0.0	1：0.4：0
28	22.0	9.0	7.0	0.0	1：0.47：0
29	19.5	9.0	4.5	6.0	1：0.5：0.67
30	19.0	9.0	4.0	6.0	1：0.44：0.67
31	22.0	10.0	5.0	8.0	1：0.56：0.89
32	18.0	10.0	4.0	4.0	1：0.4：0.4
33	19.0	10.0	4.0	5.0	1：0.4：0.5
34	19.0	11.0	5.0	4.0	1：0.5：0.4
35	19.0	11.0	4.0	4.0	1：0.36：0.36
36	20.0	11.0	5.0	4.0	1：0.45：0.36
37	21.0	12.0	6.0	4.0	1：0.55：0.36
38	20.0	12.0	4.0	4.0	1：0.33：0.33
39	21.0	12.0	5.0	4.0	1：0.42：0.33
40	22.0	11.0	6.0	4.0	1：0.50：0.33

表10-6配方施肥方案适江西、浙江、四川等省有种植杂交水稻的地区选择使用。杂交水稻（晚稻）需钾肥较多，施用钾肥有较好的增产效果。在施用氮肥或者施用氮、磷肥的基础上施用适量的钾肥都有不同程度的增产效果。浙江省研究材料表明杂

交晚稻，由于施用有机肥料缺少，施用适量钾肥效果较好，特别是那些长期渍水田，土壤速效钾在 60 毫克/千克以下的缺钾地区，施钾肥可以获得较好效果。

表 10-6　杂交水稻配方施肥中氮、磷、钾用量与比例

配方号	养分总用量	纯养分用量			比例
		N	P_2O_5	K_2O	($N:P_2O_5:K_2O$)
1	12.0	8.0	4.0	0.0	1：0.5：0
2	12.0	8.0	0.0	4.0	1：0：0.5
3	16.0	8.0	4.0	4.0	1：0.5：0.5
4	20.0	12.0	4.0	4.0	1：0.3：0.3
5	20.0	8.0	8.0	4.0	1：1：0.5
6	14.3	6.8	4.0	3.5	1：0.58：0.51
7	15.0	7.5	4.0	3.5	1：0.53：0.5
8	16.5	8.0	4.0	4.5	1：0.5：0.56
9	16.0	8.5	4.0	3.5	1：0.47：0.41
10	24.0	8.0	8.0	8.0	1：1：1
11	20.0	8.0	8.0	4.0	1：1：0.5
12	20.0	8.0	4.0	8.0	1：0.5：1
13	16.0	8.0	4.0	4.0	1：0.5：0.5
14	12.0	8.0	4.0	0.0	1：0.5：0
15	12.0	8.0	0.0	4.0	1：0：0.5
16	14.5	8.0	2.5	4.0	1：0.3：0.5
17	30.0	10.0	10.0	10.0	1：1：1
18	25.0	10.0	5.0	10.0	1：0.5：1
19	20.0	10.0	5.0	5.0	1：0.5：0.5
20	15.0	10.0	5.0	0.0	1：0.5：0

（续表）

配方号	养分总用量	纯养分用量			比例（N：P_2O_5：K_2O）
		N	P_2O_5	K_2O	
21	15.0	10.0	0.0	5.0	1：0：0.5
22	18.0	10.0	3.0	5.0	1：0.3：0.5
23	36.0	12.0	12.0	12.0	1：1：1
24	30.0	12.0	12.0	6.0	1：1：0.5
25	30.0	12.0	6.0	12.0	1：0.5：1
26	24.0	12.0	6.0	6.0	1：0.5：0.5
27	22.0	12.0	4.0	6.0	1：0.3：0.5
28	18.0	12.0	0.0	6.0	1：0：0.5
29	21.5	12.0	3.5	6.0	1：0.29：0.50
30	18.0	10.0	4.5	3.5	1：0.45：0.35
31	18.5	10.5	4.5	3.5	1：0.43：0.33
32	21.0	11.0	4.5	5.5	1：0.41：0.50
33	21.5	11.5	5.0	5.0	1：0.45：0.45
34	23.5	12.5	5.5	5.5	1：0.44：0.44

第六节　马铃薯配方施肥技术

马铃薯作为全球第四大重要的粮食作物，仅次于小麦、稻谷和玉米。与小麦、稻谷、玉米、高粱并成为世界五大作物。中国马铃薯种植面积和产量均占世界1/4左右，已成为生产和消费第一大国。马铃薯是人类重要的粮食、蔬菜和工业原料。2015年，我国将启动马铃薯主粮化战略，推进把马铃薯加工成馒头、面条、米粉等主食，马铃薯将成稻米、小麦、玉米外的又一主粮。

一、马铃薯的需肥特点

马铃薯吸收氮、磷、钾的数量和比例随生育期的不同而变化，苗期是营养生长期，吸收的氮、磷、钾分别为全生育总量的18%、14%、14%。块茎形成期（孕薯至开花初期）是营养生长和生殖生长并进时期，对养分的需求明显增多，吸收的氮、磷、钾已分别占到总量的35%、30%、29%，而且吸收速度快，此期供肥好坏将影响结薯产量多少。茎叶生长在块茎增长期（开花初期到茎叶衰老期）减慢或停止，主要以块茎生长为主，植株吸收的氮、磷、钾分别占总量的35%、35%、43%，养分需要量最大，吸收速率仅次于块茎形成期。在淀粉积累期，茎叶中的养分向块茎转移，茎叶逐渐枯萎，养分吸收减少，植株吸收氮、磷、钾养分分别占总量的12%、21%、14%，此时，供应一定的养分，防止茎叶早衰，对块茎的形成与淀粉积累有着重要意义。

一般每生产1 000千克马铃薯，需吸收氮（N）3.5~5.5千克、磷（P_2O_5）1.8~2.2千克、钾（K_2O）10.6~12.0千克，N：P_2O_5：K_2O之比为1：0.47：2.51。

二、马铃薯的配方施肥技术

1. 马铃薯的施肥用量

春薯和夏薯吸收的氮、磷、钾比例相近，总趋势为钾最多、氮次之、磷最少。生产实验表明，马铃薯在南方和北方产区的氮、磷、钾化肥适宜比例不同，北方地区N：P_2O_5：K_2O的养分比例为1：（0.45~0.55）：（0.45~0.55）为宜，平均为1：0.5：0.5。南方地区N：P_2O_5：K_2O的养分比例为1：（0.25~0.35）：（0.85~0.95）为宜，平均为1：0.3：0.9。如马铃薯产量为22 500千克/公顷（1 500千克/亩），需要吸

收 $N-P_2O_5-K_2O$ 为 105-45-255 千克，需要施氮（N）120~180 千克/公顷（8~12 千克/亩），北方地区 $N-P_2O_5-K_2O$ 的施肥量为 150-75-75 千克/公顷（10-5-5 千克/亩），南方地区为 150-45-135 千克/公顷（10-3-9 千克/亩）。施用有机肥较多，氮肥可按施氮下限施用，施用有机肥较少时，可按施氮上限施用。在满足充分灌溉的基础上，可增加化肥施用量。表 10-7、表 10-8、表 10-9、表 10-10 是根据 ASI 土壤养分测试结果提出的推荐施肥量，在实际操作中可以根据实际土壤养分含量来合理施肥。

表 10-7　基于土壤有机质水平的马铃薯施氮推荐量

目标产量（千克/亩）	土壤有机质含量（克/千克）			
	<10	10~20	20~30	>30
<1 500	7	6	4	0
1 500~2 000	9	8	7	4
2 000~3 000	13	12	10	8
>3 000	16	14	12	9

表 10-8　基于土壤速效磷分级的马铃薯施磷推荐量

目标产量（千克/亩）	土壤速效磷含量（毫克/升）					
	0~7	7~12	12~24	24~40	40~60	>60
<1 500	6	5	3	0	0	0
1 500~2 000	8	6	4	2	0	0
2 000~3 000	10	8	6	4	2	0
>3 000	12	10	8	6	4	2

表 10-9　基于土壤速效钾分级的马铃薯施钾推荐量

目标产量（千克/亩）	土壤速效钾含量（毫克/升）					
	0～40	40～60	60～80	80～100	100～140	>60
<1 500	10	9	7	5	3	0
1 500～2 000	12	10	8	6	4	2
2 000～3 000	16	14	12	10	8	5
>3 000	20	18	16	14	11	7

表 10-10　马铃薯、甘薯配方施肥中氮、磷、钾用量与比例

配方号	养分总用量	纯养分用量			比例（$N:P_2O_5:K_2O$）
		N	P_2O_5	K_2O	
1	17.0	5.0	4.5	7.5	1：0.9：1.5
2	18.0	5.5	5.0	7.5	1：0.91：1.36
3	18.5	6.0	5.0	7.5	1：0.83：1.25
4	19.5	6.5	5.0	8.0	1：0.77：1.23
5	19.0	7.0	5.0	7.0	1：0.71：1
6	21.0	7.5	5.5	8.0	1：0.73：1.07
7	22.8	7.5	6.9	8.5	1：0.91：1.13
8	20.0	8.0	5.0	7.0	1：0.63：0.88
9	22.0	8.0	5.5	8.5	1：0.69：1.06
10	23.5	9.0	6.0	8.5	1：0.67：0.94
11	23.0	9.0	5.0	9.0	1：0.56：1
12	25.0	10.0	5.0	10.0	1：0.5：1
13	26.0	10.0	6.0	10.0	1：0.6：1

马铃薯施肥时，磷、钾肥作基肥施入，氮肥在开花前分 1～2 次追肥施用。增施磷、钾肥是马铃薯获得高产的保证，可选用配

方表中的磷钾比例高的配方方案。

2. 马铃薯的配方施肥技术

马铃薯的施肥，一般是以“有机肥为主，化肥为辅，重施基肥，早施追肥”为原则。

（1）种肥。在播种薯块时施用，用过磷酸钙或配施少量氮肥作种肥。但要注意，氮、磷肥不能直接接触种薯。许多地区有用种薯蘸草木灰播种的习惯，草木灰除起防病作用外，兼起种肥作用。

（2）基肥。以有机肥为主，一般用量为1 500~3 000千克/亩。施用方法依有机肥的用量及质量而定，量少（1 000千克/亩）质优的有机肥可顺播种沟条施或穴施在种薯块上，然后覆土。粗肥量多时应撒施，随即耕翻入土。磷、钾化肥也应作基肥施用。

（3）追肥。马铃薯大多是用氮素化肥，其用量因土壤肥力、前茬作物、灌溉、密度及磷肥施用水平而有所不同。在不施有机肥条件下旱作时，氮肥作追肥效果较差，以作基肥为宜，施氮量一般为4千克/亩。如果现蕾期能浇一次水，则提高到6千克，浇水前开穴深施。对甜菜、高粱之后种植的马铃薯应适当增加氮肥用量到7千克/亩氮；密度增大或配施磷肥时，氮肥用量应增加到9千克/亩。总之，马铃薯的氮肥用量是根据条件施用4~9千克/亩纯氮，在马铃薯开花之前施下。开花后一般不再追施氮肥。在后期，为了预防早衰，可根据植株生长情况喷施0.5%尿素溶液和0.2%磷酸二氢钾溶液作根外追肥。

第七节　茄果类蔬菜配方施肥技术

茄果类蔬菜以熟果或嫩果供食用，包括番茄、辣椒和茄子3种蔬菜，它们的生长特点是边开花，边结果，生长量大，需肥量

高、耐肥力强。养分失衡容易引起生理病害。在幼苗期需肥量小，但要求营养全面，尤其是对氮磷较敏感，如果缺乏，就会影响花芽分化和果品品质，且需氮肥较多，过多施用氮肥易引起徒长，延长开花结果，导致落花落果；进入生殖生长期，需磷肥量剧增，需氮肥量略减，因此要增施磷、钾肥，节制氮肥用量。在施肥上要多施有机肥，以改良土壤，重视磷、钾肥的施用，保证氮、磷、钾养分的平衡供应，注意钙、铁、锰、锌等微量元素的施用。

一、番茄

1. 番茄的需肥规律

番茄对磷肥的需要量比氮、钾量少，磷可以促进根系发育，提早花器分化，加速果实生长和成熟，提高果实含糖量，在第一果穗长到核桃大小时，对磷的吸收量较多，其 90%存在于果实中。番茄一生中对钾的吸收量居第一位，钾对植株发育、着色及品质的提高具有重要作用，缺钾则植株抗病力弱，果实品质下降，钾肥过多，会导致根系老化，妨碍茎叶的发育。

番茄需肥较多且耐肥，春茬番茄养分吸收主要在中后期，番茄定植后对氮、钾肥的需求量要高于磷肥的需求量。春秋茬番茄苗期对养分的吸收量较少，秋茬养分吸收比例比春茬高，秋茬的吸收量明显高于春茬，且吸钾量较高。盛果期，春茬番茄对养分的吸收量达到高峰，而秋茬对养分吸收的速率下降。在生育末期，春茬吸收氮、磷、钾的量高于秋茬。番茄在不同生育时期对各种养分的吸收比例及数量不同。氮肥幼苗期约占总需肥量的10%，开花坐果期约占 40%，结果盛期约占 50%。当第一穗果坐果时，对氮、钾需求量迅速增加，到果实膨大期，需钾量更大。

据试验资料统计，每生产 1 000 千克商品番茄需吸收纯氮 2.5~3.18 千克、P_2O_5 0.65~0.74 千克、K_2O 4.38~4.5 千克，

氧化钙3.3千克。比例为1：（0.4~0.6）：（1~1.2），平均为1：0.5：1.1。

表10-11　龙海地区番茄配方施肥中氮、磷、钾用量与比例

配方号	养分总用量	纯养分用量			比例
		N	P_2O_5	K_2O	$(N:P_2O_5:K_2O)$
1	27.0	11.0	7.0	9.0	1：0.64：0.85
2	25.0	11.0	6.0	8.0	1：0.55：0.73
3	28.0	11.0	7.0	10.0	1：0.64：0.91
4	28.0	12.0	8.0	8.0	1：0.67：0.67
5	31.0	12.0	9.0	10.0	1：0.75：0.83
6	32.0	12.0	9.0	11.0	1：0.76：0.92
7	28.0	13.0	5.0	10.0	1：0.38：0.77
8	30.0	13.0	7.0	10.0	1：0.54：0.77
9	33.0	13.0	9.0	11.0	1：0.69：0.85
10	28.0	14.0	6.0	8.0	1：0.43：0.57
11	28.0	14.0	7.0	7.0	1：0.5：0.5
12	27.0	14.0	5.0	8.0	1：0.36：0.57
13	28.0	15.0	5.0	8.0	1：0.33：0.53
14	28.0	15.0	6.0	7.0	1：0.4：0.47
15	32.0	15.0	7.0	10.0	1：0.47：0.67
16	29.0	16.0	5.0	8.0	1：0.31：0.5
17	31.0	16.0	6.0	9.0	1：0.38：0.56
18	33.0	16.0	7.0	10.0	1：0.44：0.63
19	32.0	16.0	5.0	11.0	1：0.31：0.69
20	17.0	7.8	2.0	7.2	1：0.25：0.91
21	20.8	10.1	2.6	8.1	1：0.25：0.79

（续表）

配方号	养分总用量	纯养分用量			比例（N : P_2O_5 : K_2O）
		N	P_2O_5	K_2O	
22	26.0	11.6	2.7	11.7	1 : 0.23 : 1.01
23	29.0	15.1	3.5	10.4	1 : 0.23 : 0.69
24	33.2	16.3	3.6	13.3	1 : 0.22 : 0.82
25	24.3	13.5	4.3	6.5	1 : 0.32 : 0.46
26	28.5	16.0	4.0	8.5	1 : 0.25 : 0.57

2. 番茄的配方施肥技术

（1）基肥。番茄露地栽培要重施基肥，移栽定植前，施腐熟的有机肥 4 000～5 000 千克/亩、尿素 15 千克/亩、过磷酸钙 50 千克/亩、硫酸钾 20 千克/亩、草木灰 150 千克/亩；或高氮低磷高钾肥型三元复合肥（20-5-20）30 千克/亩左右、过磷酸钙 50 千克/亩左右，一般将其中的 2/3 均匀地撒于地表，结合整地翻入，1/3 施于定植沟内。保护地基肥用量有机肥比露地高 20%～30%，磷、钾肥用量比露地多 30%。对早熟品种施肥量全部一次性作基肥施入，基本上不追肥；中晚熟品种酌情考虑追肥。

（2）追肥。

①催苗肥。在土壤地力不足时，为促进秧苗生长，缓苗后应追施 1 次缓苗肥，穴施腐熟的人粪尿 250～500 千克/亩、尿素 5 千克/亩。为避免出现“坠秧”现象，早熟品种追肥量应稍大，而中晚熟品种要控制追肥量，以防徒长。另外，施肥穴应与根系保持一定的距离，以免烧根。

②膨果肥。在第 1 果穗膨大时，可以结合浇水进行追肥，此次追肥量应占整个追肥量的 30%～40%。在离根部 10 厘米处穴施人粪尿 500 千克/亩、尿素 8～10 千克/亩，追施盛果肥的最佳

时期是当第 1 穗果发白，第 2～3 穗果进入迅速膨大期时。追施磷酸二铵 25 千克/亩、硫酸钾复合肥 25～30 千克/亩，盛果期追 2～3 次肥后，大架的秋番茄需要再增加追肥 1～2 次，以确保中后期生长。

③根外追肥。无论是保护地栽培还是露地栽培番茄，都可以进行根外追肥。一般在盛果期每隔 7～10 天喷 1 次叶面肥。在番茄开花结果期进行根外追肥（即叶面喷肥），如 0.5%～1.0%的尿素、1.0%的过磷酸钙浸出液、0.4%～0.7%的氯化钙等混合喷施或交替喷施。在第 1 穗果初花期和果实膨大期分别喷施浓度 0.03%～0.04%的稀土水溶液，可以提高坐果率，改善果实品质。此外，还可以适当增施二氧化碳肥，以增加番茄产量。

二、茄子

1. 茄子的需肥特性

茄子是喜肥作物，土壤状况和施肥水平对茄子的坐果率影响较大。在幼苗期茄子对氮、磷、钾三要素的吸收仅为其总量的 0.05%、0.07%、0.09%。虽然对养分的吸收量不大，但对养分的丰缺非常敏感。从幼苗期到开花结果期对养分的吸收量逐渐增加，到盛果期至末果期养分的吸收量占全期的 90%以上，其中盛果期占 2/3 左右。此时对氮钾的吸收量急剧增加，这个时期如果氮素不足，花发育不良，短柱花增多，产量降低。对磷、钙、镁的吸收量也有所增加，但不如钾和氮明显。

每生产 1 000 千克茄子需氮（N）3.2 千克、磷（P_2O_5）0.94 千克、钾（K_2O）4.5 千克。比例为 1 比（0.4～0.6）比（1～1.2），平均为 1 比 0.5 比 1.1。

2. 茄子的配方施肥技术

（1）基肥。茄子生育期长，尤其是需肥量大的结果期很长，是需肥多而又耐肥的蔬菜作物，为保证全生育期的养分供应，防

止后期脱肥，必须施充足的肥料作基肥。一般温室茄子每亩施腐熟有机肥 8 000~10 000 千克，过磷酸钙和硫酸钾各 25 千克。露地：亩施有机肥 5 000~7 000 千克，配合适量过磷酸钙与草木灰等。可以满足营养需求，改善土壤条件，增加地温。

一般农家肥每亩施用 3 000~3 500 千克（或商品有机肥 400~450 千克），尿素 4~5 千克、磷酸二铵 9~13 千克、硫酸钾 6~8 千克。

（2）追肥。茄子定植前每亩施有机肥 5 000 千克，磷肥 25~35 千克。门茄膨大期追肥：当“门茄”达到“瞪眼期”（花受精后子房膨大露出花萼时称为“瞪眼”），果实开始迅速生长，此时是关键施肥时期。进行第一次追肥，每亩施纯氮 4~5 千克（尿素 7~9 千克或硫酸铵 20~25 千克）、硫酸钾 4~6 千克。四母斗膨大期追肥：当“对茄”果实膨大，“四母斗”开始发育时，是茄子需肥的高峰，进行第三次追肥后每亩施尿素 7~9 千克、硫酸钾 4~5 千克。前 3 次的追肥量相同，以后的追肥量可减半，也可不施钾肥。追肥时间相差半个月。

根外追肥从成果期开始可根据长势喷施 0. 2%~0. 3%的尿素、0. 2%~0. 3%磷酸二氢钾等肥料，一般 7~10 天一次，连喷2~3 次。还可根据土壤测试结果叶面喷施微量元素水溶肥料。

三、辣椒

1. 辣椒的需肥规律

辣椒在各个不同生育期，所吸收的氮、磷、钾等营养物质的数量也有所不同：从出苗到现蕾，植株根少、叶小，需要的养分也少，约占吸收总量的 5%；从现蕾到初花植株生长加快，植株迅速扩大，对养分的吸收量增多，约占吸收总量的 11%；从初花至盛花结果是辣椒营养生长和生殖生长旺盛时期，对养分的吸收量约占吸收总量的 34%，是吸收氮素最多的时期；盛花至成熟期，植株的营养生长较弱，养分吸收量约占吸收总量的 50%，这时对磷、钾的需要量最多；在成熟果采收后为了及时促进枝叶生长发育，这时又需要大量的氮肥。

辣椒是需肥量较多的蔬菜，每生产 1 000 千克需氮（N）3. 5~5. 4 千克、磷（P_2O_5）0. 8 ~ 1. 3 千克、氧化钾（K_2O）2. 82~3. 38 千克，吸收氮磷钾比例为 1∶0. 29∶(0. 8~0. 95)。

2. 辣椒的配方施肥技术

辣椒的吸肥特点与茄子相似，也是两次重肥，在重施底肥（配方肥、有机肥）的基础上，定植后追肥。

（1）基肥。大田产 5 000 千克/亩辣椒，每亩施农家肥 5 000~8 000 千克，过磷酸钙 25 ~ 50 千克、硫酸钾 25 ~ 35 千克，或 45%复合肥（15-15-15）30 ~ 40 千克，整地前撒施 60%，定植时沟施 40%，以保证辣椒较长时间对肥料的需要。

（2）育苗肥。在 100 米^2 苗床上，施入 150 ~ 200 千克农家肥，过磷酸钙 1 ~ 2 千克，翻耕 3 ~ 4 遍，达到培育壮苗的目的。

（3）追肥。幼苗移栽后，结合浇水追施腐熟人粪尿。蹲苗结束后，门椒以上茎叶长出 3 ~ 5 节，果实达 2 ~ 3 厘米时，及时冲施高氮复合肥 10 ~ 15 千克。半月后，追施第二次量同前。雨季过后，及时追肥，每亩追施高氮复合肥 10 ~ 15 千克，促多结椒。辣椒膨大初期开始第 1 次追肥，以促进果实膨大。每亩追施纯氮 15 ~ 18 千克，磷肥 18 ~ 20 千克，钾肥 15 ~ 17 千克。第 2 层果、第 3 层果、第 4 层果、满天星需肥量逐次增多，每次应适当增加追肥量，以满足结果旺盛期所需养分。每次追肥应结合培土和浇水。也可混合 0. 3%的丰果、辣椒灵等进行叶面喷施。

（4）叶面追肥。开花结果期，叶面喷 0. 5%尿素加 0. 5%磷酸二氢钾，可以提高结果数量，改善果实品质。

附　录

附录 1　龙海市人民政府办公室关于印发龙海市新型职业农民认定管理和扶持办法（试行）的通知

龙海市人民政府办公室关于印发
龙海市新型职业农民认定管理和扶持
办法（试行）的通知龙政办〔2016〕203 号

各镇人民政府，市直各相关单位：

为大力培育一批有文化、懂技术、会经营的新型职业农民，根据《福建省新型职业农民认定管理和扶持办法》（试行）（闽农科教［2015］215 号）及《福建省农业厅办公室关于印发福建省新型职业农民认定工作程序的通知》（闽农厅办［2016］128 号）要求，经市政府同意，现将《龙海市新型职业农民培育认定管理和扶持办法（试行）》印发给你们，请遵照执行。

龙海市人民政府办公室

2016 年 12 月 30 日

龙海市新型职业农民认定管理和扶持办法（试行）

一、总则

为规范我市新型职业农民认定工作，提升管理水平，进一步加大对新型职业农民的扶持力度，根据《福建省农业厅等七部门关于印发〈福建省新型职业农民认定管理和扶持办法（试行）〉的通知》（闽农科教〔2015〕215 号）及《福建省农业厅办公室关于印发福建省新型职业农民认定工作程序的通知》（闽农厅办［2016］128 号）的要求，特制定本办法。

（一）本办法中所称新型职业农民是指以农业（包括农林牧渔业，下同）为职业、具有一定的专业技能、收入主要来自农业的现代农业从业者。

（二）我市通过教育培训、认定管理、政策扶持，对符合条件的农业从业人员颁发新型职业农民证书。对新型职业农民加强动态管理，开展定期考核。建立新型职业农民信息管理系统，加强对新型职业农民的管理和服务。

（三）持有效的新型职业农民证书是新型职业农民的标志，是从事农业生产经营服务所具备综合素质、专业知识、操作技能、经营能力的证明，是享受政策扶持的重要依据。

二、申报条件

（一）新型职业农民申报工作，以农业从业者自愿为基础，坚持公开、公平、公正的原则。

（二）新型职业农民认定类型分为：生产经营型、专业技能型和专业服务型。当前我市认定的重点是生产经营型新型职业农民。

1. 生产经营型的新型职业农民是指长期从事农业生产、有一定产业规模、文化素质较高的现代农业从业者。主要是专业大户、家庭农场主、农民合作社带头人、农业企业负责人等。

2. 专业技能型的新型职业农民是指在农民专业合作社、家庭农场、农业企业、专业大户等新型农业生产经营主体中较为稳定地从事农业劳动作业，并以此为主要收入来源，具有一定专业技能的农业劳动者。主要是农业工人、农业雇员等。

3. 专业服务型的新型职业农民是指在社会化服务组织中或以个体形式直接从事农业产前、产中、产后服务，具有相应服务能力的农业社会化服务人员。主要是农村信息员、农村经纪人、农机服务人员、统防统治植保员、村级动物防疫员、农产品安全监管员、农业技术指导员、农资营销员等农业社会化服务人员等。

（三）申请认定为新型职业农民的农业从业人员，应符合以下基本条件。

1. 年龄在 18 周岁以上，55 周岁以下，高中或中专及以上文化程度，按规定参加农村社会保险并连续缴纳社保 3 年以上，在我市有合法稳定住处且正在我市从事农业生产经营服务工作的人员。

2. 有较好的现代农业理念，有较强的经营管理、专业技能或社会服务能力。应对市场变化能力强，实践经验丰富，能够合理配置农业资源，掌握先进生产经营模式，具有示范带动效应，能够带动当地农民致富。从业稳定性强，有创业投资激情。申请为生产经营型新型职业农民的，还应具备一定的生产经营规模。

3. 遵纪守法，诚信经营，享有良好社会声誉，无生产和质量安全事故，无破坏生态环境、违章搭建、欠税、融资信用等违法违规不良记录。

4. 对于参加并获得县级以上组织的新型职业农民培训证书、

涉农专业中专以上证书及国家农业职业资格初级以上证书的可以优先予以认定。

（四）新型职业农民主要从学历水平、种养殖规模、从业年限、带动能力等方面综合评定，具体如下。

1. 生产经营型

学历不低于高中或中专文化水平，具备一定的种养殖规模，家庭人均年可支配收入达到我市农民人均年可支配收入的 2 倍以上，能示范带动 10 个以上农户从事相关产业。

生产经营型新型职业农民的种养殖规模最低参考标准见下表：

作物	蔬菜	水果	林业	花卉	生猪	鸡	食用菌	池塘养殖	工厂化养殖	滩涂养殖
30 亩	30 亩	30 亩	50 亩	30 亩	年出栏 1 000头	年存栏 10 000 羽	5 万袋（1 500 米^2）	30 亩	1 000 米^2	50 亩

2. 专业技能型

学历不低于高中或中专文化水平，家庭人均年可支配收入达到我市农民人均年可支配收入的 2 倍以上，在新型农业经营主体服务时间不低于 5 年，能示范带动 10 个以上农户从事相关产业。

3. 专业服务型

学历不低于高中或中专文化水平，家庭人均年可支配收入达到我市农民人均年可支配收入的 2 倍以上，在新型农业经营主体从业年限不低于 5 年，能示范带动 10 个以上农户从事相关产业。

三、认定管理

（一）新型职业农民认定工作遵循农民自愿、政府主导、严格标准、公平公开、动态管理的原则。

（二）认定程序。

1. 公告：市农业局根椐本管理办法，对认定对象、认定条件、认定标准、认定程序、承办机构、开展认定时间、申请人所需提交的材料等内容进行为期 15 个工作日的公告。

2. 个人申请：符合申报条件的农业从业者，经村委会（居委会）和乡（镇）核实后，根据自身实际情况向市农业局（农办）提出申请，申报人员应如实填写相应表格，并提供身份证复印件、相关证书或文件原件及复印件。

3. 组织评审：市农业局（农办）组织有关人员按照本办法对我市提出申请的农业从业者进行资格审核。

4. 公示认定：市农业局（农办）对通过评审的待定人员，进行为期 7 天的公示。公示无异议后，以市人民政府（或政府办公室）文件予以认定公布。对符合条件的按生产经营型、专业技能型和专业服务型分类汇总，统一建档立卡，并录入国家《新型职业农民培育工程信息管理系统》，同时书面报漳州市农业局（农办）和福建省农业厅（农办）备案。

（三）对认定的新型职业农民颁发证书，作为享受扶持政策的有效凭证。证书采用农业部统一证书式样，由市人民政府授权市农业局颁发和管理。

（四）对认定的新型职业农民进行动态管理。被认定为新型职业农民的，优先享受各级各部门出台的相关扶持政策，接受各级政府和有关部门的服务管理。

市农业局（农办）组织落实对新型职业农民的复审工作。每两年复审一次。根据复审结果，确定证书延续使用或失效。

有以下情形之一的，取消新型职业农民资格，不再享受相关扶持政策：

1. 发生农产品质量安全事件；

2. 骗取财政支农惠农补贴资金；

3. 有违法行为和不诚信生产经营行为；

4. 有严重破坏生态环境行为；

5. 不再从事农业生产经营；

6. 将证书出借给他人使用；

7. 不接受新型职业农民认定管理服务。

（五）严格新型职业农民认定管理工作，杜绝各类违规违纪事件，确保认定管理工作做到公平、公正、公开。

四、扶持措施

（一）金融支持。组织辖区内金融部门对符合条件的新型职业农民提供金融授信和优惠政策。执行低于当地农村金融机构农户贷款利率平均水平的优惠利率。新型职业农民发展种养业项目的，优先推荐参与农业政策性保险。

（二）项目支持。现有的农业优惠政策和项目优先向新型职业农民倾斜。经认定的新型职业农民优先享受各类农业补贴和优惠政策。其创办或领办的农业经济实体，达到市级或省级农业产业化龙头企业、农民专业合作社和家庭农场扶持标准的，同等条件下优先认定和扶持。其发展设施农业、标准化种养殖、林下经济、农业“五新”等补助项目，比如冷藏保鲜设施补助、大棚设施补贴、农业生产力提升种粮大户补贴等项目，符合条件的优先扶持。

（三）教育培训。引导、鼓励和帮助新型职业农民主动更新知识，提升从业素质和能力。对于符合条件的优秀农户，免费选送到大中专院校进行系统的学习培训，免费参加各类技术培训，获得认定的新型职业农民，要积极带动传统兼业农民参加各类公益性的免费的农业培训，提升综合素质和专业技能水平，促进增产增收和共同发展。

（四）指导服务。组织农业专家和有关部门专业人员，为新型职业农民提供政策咨询、农业创业和“五新”应用指导，帮助他们提高创业能力。新型职业农民优先纳入 12316 农村服务平台的服务对象，享受平台提供的线上线下技术指导和信息服务。

（五）激励表彰。获得认定的新型职业农民，优先纳入我市基层农技推广体系建设科技示范户，鼓励其积极带动传统兼业农民运用先进农业技术发展生产。优先作为农村优秀人才遴选对象。优先参加各级政府组织的农村致富带头人表彰活动。

五、附则

（一）本办法由市农业局（农办）负责解释。

（二）本规办法自发布之日三十日后施行。

（三）本办法有效期 2 年。

附录 2　杨梅、荔枝栽培管理农事月历

杨梅栽培管理农事月历

月份	主要农事	技术措施
1 月	清园、施基肥	做好清园，收集枯枝、落叶、杂草并集中烧毁。结果树每株施农家肥 25~50 千克或羊粪或鸟粪 10~15 千克
2 月	花穗管理	花穗期果园应全面喷药一次，做好病虫预防工作，减少病虫源，药剂可选用 70%甲基托布津 700 倍液（或 80%百菌清 1 000 倍）+10%吡虫啉可湿性粉剂 1 000 倍液（或 1.8%阿维菌素 1 500 倍液）进行树体喷雾
3 月	花期管理	杨梅花期树体禁止使用农药．但近年来，杨梅“肉葱病”发生较严重，除加强修剪，增施有机肥等农业措施外，应注意瘿蚊的防治，选用 80%敌敌畏乳油 500 倍或毒死蜱 500 倍掺沙撒施于树冠下土壤，可大大减轻为害
4 月	幼果期管理（春梢抽发期）	此期应重点做好疏果和保果工作，疏果时期及方法：在杨梅果实“黄豆”粒大时，抓紧做好疏果工作，一般长果枝留 2 粒果，短果枝留 1 粒果，即留果量 30%~50%较适宜，人工疏除畸形果、密生果，最好分二次疏。保果方法：疏果后 2~3 天喷一次保果剂兼预防病虫，药剂可选用防落素 1.0 克（或 2，4-D 5~10 毫克/千克）+70%代森锰锌 1 500 倍液（或 2 000 倍百泰）+40.7%毒死蜱 1 000 倍液，同时可加多元营养液进行根外追肥
5 月	果实膨大期管理及采收（夏梢抽发期）	5 月上旬起，杨梅果实陆续进入膨大及成熟期，要采取分批多次采摘的原则，切忌采用药剂催熟，以提高杨梅品质。果实膨大期重点做好霜霉病、白腐病、炭疽病等病害的预防和防治工作，药剂可选用 50%咪鲜胺锰盐（施保功）1 500~2 000 倍（或 2 000 倍凯润），也可用 45%施保克。结合防病治虫加入狮马红等高钾型营养液。采收前一个月禁止使用杀虫剂。同时应注意做好夏梢的保护，培养来年结果母枝

（续表）

月份	主要农事	技术措施
6月	果实采收后期及修剪清园	晚熟品种（如东魁等）采收，此期遇高温多雨天气，易引起落果，应抓紧抢晴采收，采果后10~15天施下采果肥，休整15~20天即行树体修剪，采取重剪的方式进行，修剪目的控制树高。修剪后枝条及杂物等集中烧毁
7月	果园休整期	此期属高温干旱季节，果园不适宜农事操作
8月	秋梢抽发期	上中旬气温适宜，抽发秋梢，应注意保护秋梢。①上旬初施一次速效复合肥，1~1.5千克/株；②防治卷叶虫、尺蠖等害虫，药剂可选用2.5%高效氯氰菊酯1 000倍液或80%敌敌畏乳油800倍液
9月	秋梢老熟期	秋梢保护，方法同8月
10月	果园休整期	此期应注意肥水控制，以免抽冬梢
11月	果园修剪	此期应充分利用冬闲时间，进行树体轻修剪，减轻来年疏果人工压力。重点应剪掉树冠外围细弱枝条，只留适量的结果母枝
12月	冬季施基肥、修剪	继续果园轻修剪，有条件的果园，应挖条状沟，每亩施入农家肥1 000~1 500千克，结合株施1~2千克石灰，有条件可施草木灰10千克/株左右，同时开始冬季清园工作

荔枝栽培管理农事月历

月份	主要农事	技术措施
1月	清园、施基肥、果园深翻	首先进行果园清园，枝条、杂物等集中烧毁，然后进行果园深翻、深度20~30厘米，最后施入农家肥1 000~1 500千克+少量过磷酸钙
2月	花穗期管理	要控制花穗抽发太快、太长，做到“立春”不见穗，下旬若花穗长度达30厘米以上时，应用药剂控穗。乌叶可选用40%乙烯利水剂50毫升+多效唑200克+水50千克进行喷花穗；兰竹用乙烯利40毫升+多效唑150克+水50千克喷花穗，促重抽侧穗

（续表）

月份	主要农事	技术措施
3月	花穗（开花前）管理	施一次花前肥，选用进口复合肥2~3千克/株。若花蕾较多，应做好疏蕾工作，结合全面预防病虫，药剂选用73%克螨特50克+多效唑200克+高乐200克+甲基硫菌灵50克+水50千克进行树体喷雾
4月	花期管理	果园应禁止使用农药，有利昆虫授粉提高坐果率，有条件的果园应积极引进蜂源，增加花期授粉率，幼果并粒期（一般开花后12天左右）保果一次，结合根外追肥，药剂选用防落素1.0克（或2,4-D10mg/kg）+磷酸二氢钾100克+硫酸镁50克+硼砂50克喷雾
5月	幼果期管理	此期当地气候高温多湿，是病虫害高发期，应根据病虫发生期预测预报，及时做好荔枝蒂蛀虫、霜霉病、炭疽病等病虫的防治工作，杀虫药剂可选用10%氯氰菊酯1 500倍液，48%乐斯本乳油1 000倍液，52.5%农地乐1 000倍液，高效灭百可3 000倍液；杀菌药剂可选用75%百菌清1 000倍液、25%甲霜灵可湿性粉剂（瑞毒霉），80%乙膦铝可湿性粉剂400倍液，大生m-45可湿性粉剂600倍液，以上药剂每次只选杀虫、杀菌药各一种，并交替使用，用药时可结合根外追肥
6月	果实膨大期管理	上旬初补充一次速效复合肥，结果树施3~4千克/株，病虫防治与5月相同，后期可喷九二〇（赤霉素）20毫克/千克和营养液促果实膨大
7月	果实采收	兰竹、乌叶等当家品种一般上旬初即可采收，近年推广的晚熟品种一般7月中旬末-下旬初采收。采收后应做好修剪和施基肥等工作
8月	秋梢期管理	当家品种一般无结果或少结果的树8月上中旬即可抽发第一次秋梢，结果多或晚熟品种的树抽发迟，秋梢是荔枝主要结果母枝，应特别注意保护秋梢，一是进行根外追肥；二是喷药防治卷叶虫、尖细蛾、尺蠖，药剂选用48%乐斯本1 000倍液或80%敌敌畏乳油等
9月	第二次秋梢抽发	兰竹品种抽二次秋梢的树较多，乌叶较少。秋梢保护管理与8月相同
10月	果园休整期	应注意肥水控制

（续表）

月份	主要农事	技术措施
11 月	果园休整期	应注意肥水控制
12 月	控冬梢、深翻等果园冬季管理	若冬季遇暖冬多雨天气，极易抽发冬梢不利来年开花结果，冬梢应全部杀除，药剂可选用 40%乙烯利 60~80 毫升+多效唑 200 克+水 50 千克进行树体喷雾。果园深翻也可在此期进行，方法是在树冠滴水处周围深翻土壤 20~30 厘米。结合施用有机肥和株施 2~3 千克生石灰，达到改良酸性土壤和减少裂果目的

附录 3　三品一标

三品——当前，我国农产品质量安全认证主要有无公害农产品、绿色食品和有机食品三种基本类型。

1. 无公害农产品

指产地环境、生产过程和产品质量均符合国家有关标准和规范的要求，经认证合格获得认证证书并允许使用无公害农产品标志的未经加工或者初加工的食用农产品。

2. 绿色食品

指遵循可持续发展原则，按照特定生产方式生产，经专门机构认定，许可使用绿色食品商标标志的无污染的安全、优质、营养类食品的统称。绿色食品分 A 级绿色食品和 AA 级绿色食品两种。

3. 有机食品

指来自有机农业生产体系，按照有机食品标准生产、加工，在生产加工中不使用化学农药、化肥、化学防腐剂和添加剂，也不使用转基因技术及其产品化学合成品，建立了完善的质量管理体系，并经合法的有机食品认证机构认证，许可使用有机食品标志的一切食品。因此它是真正的源自自然、富营养、高品质的安全环保生态食品。

有机食品标志

无公害食品、有机食品、绿色食品的特点和关系是什么?

无公害农产品、绿色食品、有机食品的本质区别：无公害农产品按照技术规程可以使用化肥、农药；绿色食品限量使用化肥、农药；有机食品绝对不能使用化肥、农药。无公害农产品解决一个最根本的问题：安全；绿色食品不仅安全，而且还有营养；有机食品不仅有营养，而且还有利于健康。

①无公害农产品：“菜篮子”“米袋子”产品。

②绿色食品：产自优良生态环境、按照绿色食品标准生产、实行全程质量控制并获得绿色食品标志使用权的安全、优质食用农产品。

③有机食品：根据国际有机农业生产要求和相应的标准生产加工的产品。

④地理标志：是指标示某商品来源于某地区，该商品的特定质量、信誉或者其他特征，主要由该地区的自然因素或者人文因素所决定的标志。

附录4　农药安全使用规范　总则

（中华人民共和国农业行业标准《农药安全使用规范　总则》（NY/T　1276—2007）中华人民共和国农业部　2007-04-17发布发布2007-07-01实施）

1　范围

本标准规定了使用农药人员的安全防护和安全操作的要求。

本标准适用于农业使用农药人员。

2　规范性引用文件

下列文件中的条款通过本标准的引用而成为本标准的条款。凡是注日期的引用文件，其随后所有的修改单（不包括勘误的内容）或修订版均不适用于本标准。然而，鼓励根据本标准达成协议的各方研究是否可使用这些文件的最新版本。凡是不注日期的引用文件，其最新版本适用于本标准。

GB 12475《农药贮运、销售和使用的防毒规程》

NY 608《农药产品标签通则》

3　术语和定义

下列术语和定义适用于本标准。

3.1　持效期 pesticide duration

农药施用后，能够有效控制农作物病、虫、草和其他有害生物为害所持续的时间。

3.2 安全使用间隔期 preharvest interval

最后一次施药至作物收获时安全允许间隔的天数。

3.3 农药残留 pesticide residue

农药使用后在农产品和环境中的农药活性成分及其在性质上和数量上有毒理学意义的代谢（或降解、转化）产物。

3.4 用药量 formulation rate

单位面积上施用农药制剂的体积或质量。

3.5 施药液量 spray volume

单位面积上喷施药液的体积。

3.6 低容量喷雾 low volume spray

每公顷施药液量在50~200升（大田作物）或200~500升（树木或灌木林）的喷雾方法。

3.7 高容量喷雾 high volume spray

每公顷施药液量在600升以上（大田作物）或1 000升以上（树木或灌木林）的喷雾方法。也称常规喷雾法。

4 农药选择

4.1 按照国家政策和有关法规规定选择

4.1.1 应按照农药产品登记的防治对象和安全使用间隔期选择农药。

4.1.2 严禁选用国家禁止生产、使用的农药；选择限用的农药应按照有关规定；不得选择剧毒、高毒农药用于蔬菜、茶叶、果树、中药材等作物和防治卫生害虫。

4.2 根据防治对象选择

4.2.1 施药前应调查病、虫、草和其他有害生物发生情况，对不能识别和不能确定的，应查阅相关资料或咨询有关专家，明确防治对象并获得指导性防治意见后，根据防治对象选择合适的农药品种。

4.2.2　病、虫、草和其他有害生物单一发生时，应选择对防治对象专一性强的农药品种；混合发生时，应选择对防治对象有效的农药。

4.2.3　在一个防治季节应选择不同作用机理的农药品种交替使用。

4.3　根据农作物和生态环境安全要求选择

4.3.1　应选择对处理作物、周边作物和后茬作物安全的农药品种。

4.3.2　应选择对天敌和其他有益生物安全的农药品种。

4.3.3　应选择对生态环境安全的农药品种。

5　农药购买

购买农药应到具有农药经营资格的经营点，购药后应索取购药凭证或发票。所购买的农药应具有符合 NY 608 要求的标签以及符合要求的农药包装。

6　农药配制

6.1　量取

6.1.1　量取方法

6.1.1.1　准确核定施药面积，根据农药标签推荐的农药使用剂量或植保技术人员的推荐，计算用药量和施药液量。

6.1.1.2　准确量取农药，量具专用。

6.1.2　安全操作

6.1.2.1　量取和称量农药应在避风处操作。

6.1.2.2　所有称量器具在使用后都要清洗，冲洗后的废液应在远离居所、水源和作物的地点妥善处理。用于量取农药的器皿不得作其他用途。

6.1.2.3　在量取农药后，封闭原农药包装并将其安全贮存。

农药在使用前应始终保存在其原包装中。

6.2　配制

6.2.1　场所

应选择在远离水源、居所、畜牧栏等场所。

6.2.2　时间

应现用现配，不宜久置；短时存放时，应密封并安排专人保管。

6.2.3　操作

6.2.3.1　应根据不同的施药方法和防治对象、作物种类和生长时期确定施药液量。

6.2.3.2　应选择没有杂质的清水配制农药，不应用配制农药的器具直接取水，药液不应超过额定容量。

6.2.3.3　应根据农药剂型，按照农药标签推荐的方法配制农药。

6.2.3.4　应采用“二次法”进行操作。

（1）用水稀释的农药。先用少量水将农药制剂稀释成“母液”，然后再将“母液”进一步稀释至所需要的浓度。

（2）用固体载体稀释的农药。应先用少量稀释载体（细土、细沙、固体肥料等）将农药制剂均匀稀释成“母粉”，然后再进一步稀释至所需要的用量。

6.2.3.5　配制现混现用的农药，应按照农药标签上的规定或在技术人员的指导下进行操作。

7　农药施用

7.1　施药时间

7.1.1　根据病、虫、草和其他有害生物发生程度和药剂本身性能，结合植保部门的病虫情报信息，确定是否施药和施药适期。

7.1.2　不应在高温、雨天及风力大于3级时施药。

7.2　施药器械

7.2.1　施药器械的选择

7.2.1.1　应综合考虑防治对象、防治场所、作物种类和生长情况、农药剂型、防治方法、防治规模等情况。

（1）小面积喷洒农药宜选择手动喷雾器。

（2）较大面积喷洒农药宜选用背负机动气力喷雾机，果园宜采用风送弥雾机。

（3）大面积喷洒农药宜选用喷杆喷雾机或飞机。

7.2.1.2　应选择正规厂家生产、经国家质检部门检测合格的药械。

7.2.1.3　应根据病、虫、草和其他有害生物防治需要和施药器械类型选择合适的喷头，定期更换磨损的喷头。

（1）喷洒除草剂和生长调节剂应采用扇形雾喷头或激射式喷头。

（2）喷洒杀虫剂和杀菌剂宜采用空心圆锥雾喷头或扇形雾喷头。

（3）禁止在喷杆上混用不同类型的喷头。

7.2.2　施药器械的检查与校准

7.2.2.1　施药作业前，应检查施药器械的压力部件、控制部件。喷雾器（机）截止阀应能够自如扳动，药液箱盖上的进气孔应畅通，各接口部分没有滴漏情况。

7.2.2.2　在喷雾作业开始前、喷雾机具检修后、拖拉机更换车轮后或者安装新的喷头时，应对喷雾机具进行校准，校准因子包括行走速度、喷幅以及药液流量和压力。

7.2.3　施药机械的维护

7.2.3.1　施药作业结束后，应仔细清洗机具，并进行保养。存放前应对可能锈蚀的部件涂防锈黄油。

7.2.3.2　喷雾器（机）喷洒除草剂后，必须用加有清洗剂的清水彻底清洗干净（至少清洗三遍）。

7.2.3.3　保养后的施药器械应放在干燥通风的库房内，切勿靠近火源，避免露天存放或与农药、酸、碱等腐蚀性物质存放在一起。

7.3　施药方法

应按照农药产品标签或说明书规定，根据农药作用方式、农药剂型、作物种类和防治对象及其生物行为情况选择合适的施药方法。施药方法包括喷雾、撒颗粒、喷粉、拌种、熏蒸、涂抹、注射、灌根、毒饵等。

7.4　安全操作

7.4.1　田间施药作业

7.4.1.1　应根据风速（力）和施药器械喷洒部件确定有效喷幅，并测定喷头流量，按以下公式计算出作业时的行走速度。

$$V=\frac{Q}{q\times B}\times 10 \tag{1}$$

式中：

V——行走速度，米/秒（m/s）；

Q——喷头流量，毫升/秒（mL/s）；

q——农艺上要求的施药液量，升/公顷（L/hm^2）；

B——喷雾时的有效喷幅，米（m）。

7.4.1.2　应根据施药机械喷幅和风向确定田间作业行走路线。使用喷雾机具施药时，作业人员应站在上风向，顺风隔行前进或逆风退行两边喷洒，严禁逆风前行喷洒农药和在施药区穿行。

7.4.1.3　背负机动气力喷雾机宜采用降低容量喷雾方法，不应将喷头直接对着作物喷雾和沿前进方向摇摆喷洒。

7.4.1.4　使用手动喷雾器喷洒除草剂时，喷头一定要加装防护罩，对准有害杂草喷施。喷洒除草剂的药械宜专用，喷雾压力应在 0.3 兆帕以下。

7.4.1.5　喷杆喷雾机应具有三级过滤装置，末级过滤器的滤网孔对角线尺寸应小于喷孔直径的 2/3。

7.4.1.6　施药过程中遇喷头堵塞等情况时，应立即关闭截止阀，先用清水冲洗喷头，然后戴着乳胶手套进行故障排除，用毛刷疏通喷孔，严禁用嘴吹吸喷头和滤网。

7.4.2　设施内施药作业

7.4.2.1　采用喷雾法施药时，宜采用低容量喷雾法，不宜采用高容量喷雾法。

7.4.2.2　采用烟雾法、粉尘法、电热熏蒸法等施药时，应在傍晚封闭棚室后进行，次日应通风 1 小时后人员方可进入。

7.4.2.3　采用土壤熏蒸法进行消毒处理期间，人员不得进入棚室。

7.4.2.4　热烟雾机在使用时和使用后半个小时内，应避免触摸机身。

8　安全防护

8.1　人员

配制和施用农药人员应身体健康，经过专业技术培训，具备一定的植保知识。严禁儿童、老人、体弱多病者、经期、孕期、哺乳期妇女参与上述活动。

8.2　防护

配制和施用农药时应穿戴必要的防护用品，严禁用手直接接触农药，谨防农药进入眼睛、接触皮肤或吸入体内。应按照 GB 12475 的规定执行。

9　农药施用后

9.1　警示标志

施过农药的地块要树立警示标志，在农药的持效期内禁止放牧和采摘，施药后24小时内禁止进入。

9.2　剩余农药的处理

9.2.1　未用完农药制剂

应保存在其原包装中，并密封贮存于上锁的地方，不得用其他容器盛装，严禁用空饮料瓶分装剩余农药。

9.2.2　未喷完药液（粉）

在该农药标签许可的情况下，可再将剩余药液用完。对于少量的剩余药液，应妥善处理。

9.3　废容器和废包装的处理

9.3.1　处理方法

玻璃瓶应冲洗3次，砸碎后掩埋；金属罐和金属桶应冲洗3次，砸扁后掩埋；塑料容器应冲洗3次，砸碎后掩埋或烧毁；纸包装应烧毁或掩埋。

9.3.2　安全注意事项

9.3.2.1　焚烧农药废容器和废包装应远离居所和作物，操作人员不得站在烟雾中，应阻止儿童接近。

9.3.2.2　掩埋废容器和废包装应远离水源和居所。

9.3.2.3　不能及时处理的废农药容器和废包装应妥善保管，应阻止儿童和牲畜接触。

9.3.2.4　不应用废农药容器盛装其他农药，严禁用作人、畜饮食用具。

9.4　清洁与卫生

9.4.1　施药器械的清洗

不应在小溪、河流或池塘等水源中冲洗或洗涮施药器械，洗涮过施药器械的水应倒在远离居民点、水源和作物的地方。

9.4.2　防护服的清洗

9.4.2.1　施药作业结束后，应立即脱下防护服及其他防护用具，装入事先准备好的塑料袋中带回处理。

9.4.2.2　带回的各种防护服、用具、手套等物品，应立即清洗2~3遍，晾干存放。

9.4.3　施药人员的清洁

施药作业结束后，应及时用肥皂和清水清洗身体，并更换干净衣服。

9.5　用药档案记录

每次施药应记录天气状况、作物种类、用药时间、药剂品种、防治对象、用药量、对水量、喷洒药液量、施用面积、防治效果、安全性。

10　农药中毒现场急救

10.1　中毒者自救

10.1.1　施药人员如果将农药溅入眼睛内或皮肤上，应及时用大量干净、清凉的水冲洗数次或携带农药标签前往医院就诊。

10.1.2　施药人员如果出现头痛、头昏、恶心、呕吐等农药中毒症状，应立即停止作业，离开施药现场，脱掉污染衣服或携带农药标签前往医院就诊。

10.2　中毒者救治

10.2.1　发现施药人员中毒后，应将中毒者放在阴凉、通风的地方，防止受热或受凉。

10.2.2　应带上引起中毒的农药标签立即将中毒者送至最近的医院采取医疗措施救治。

10.2.3　如果中毒者出现停止呼吸现象，应立即对中毒者施以人工呼吸。

附录 5 国家禁止和限制使用的农药名单

一、国家明令禁止使用的农药（33 种）

六六六、滴滴涕、毒杀芬、二溴氯丙烷、杀虫脒、二溴乙烷、除草醚、艾氏剂、狄氏剂、汞制剂、砷、铅类、敌枯双、氟乙酰胺、甘氟、毒鼠强、氟乙酸钠、毒鼠硅、甲胺磷、甲基对硫磷、对硫磷、久效磷、磷胺、苯线磷、地虫硫磷、甲基硫环磷、磷化钙、磷化镁、磷化锌、硫线磷、蝇毒磷、治螟磷、特丁硫磷。另：百草枯从 2016 年 7 月 1 日开始禁止经营、使用。

二、在蔬菜、果树、茶叶、中草药材上不得使用和限制使用的农药（24 种）

禁止氧乐果在甘蓝上使用；禁止三氯杀螨醇和氰戊菊酯在茶树上使用；禁止丁酰肼（比久）在花生上使用；禁止甲拌磷、甲基异柳磷、特丁硫磷、甲基硫环磷、治螟磷、内吸磷、克百威、涕灭威、灭线磷、硫环磷、蝇毒磷、地虫硫磷、氯唑磷、苯线磷在蔬菜、果树、茶叶、中草药材上使用；撤销氧乐果、水胺硫磷在柑橘树，灭多威在柑橘树、苹果树、茶树、十字花科蔬菜，硫线磷在柑橘树、黄瓜，硫丹在苹果树、茶树，溴甲烷在草莓、黄瓜上使用；特丁硫磷在甘蔗上使用。

三、鉴于氟虫腈对甲壳类水生生物和蜜蜂具有高风险，在水和土壤中降解慢，按照《农药管理条例》的规定：自 2009 年 4 月 1 日起，除卫生用、玉米等部分旱田种子包衣剂和专供出口产品外，撤销已批准的用于其他方面含氟虫腈成分农药制剂的登记和（或）生产批准证书。

按照《农药管理条例》规定，任何农药产品都不得超出农药登记批准的使用范围使用。

附录6 漳州市人民政府关于禁止销售和使用部分毒性大、残留期长的农药的通告

为提高农产品质量安全，保障人民群众身体健康和生命安全，增强农产品国际市场竞争力，保护生态环境，根据《中华人民共和国农产品质量安全法》《农药管理条例》等有关法律法规的规定，结合我市实际，现就将本行政区域内禁止销售和使用部分毒性大、残留期长的农药的有关事项通告如下。

一、本行政区域内任何单位和个人禁止销售和使用甲拌磷(3911)、克百威（呋喃丹）、杀扑磷、涕灭威（神农丹）、灭线磷、氧乐果、甲基异柳磷、乙先甲胺磷、水胺硫磷和硫丹等10种毒性大、残留期长的农药及其制剂。

二、禁止生产、销售含有本通告禁止使用农药或者农药残留等有毒有害物质不符合质量安全标准的农产品。

三、各级农业技术推广机构要向农药经营者、使用者推介安全、高效、低毒、低残留农药品种。

四、农药使用者应当严格遵守农药禁止使用和限制使用有关规定，正确使用农药，严格执行农药使用安全间隔期规定，防止危及农产品质量安全。

五、各级农业、工商、质监、环保、公安等部门要按照各自职责，共同做好本通告的贯彻实施工作；各新闻单位要加强宣传报道和舆论监督。

六、违反本通告规定的，由相关部门依法查处，构成犯罪的，依法追究其法律责任。涉案企业将被列入福建省农资企业重点监控名单，予以网上公布。

七、鼓励广大群众积极向有关部门举报违反本通告和行为。举报电话 12316（农业）、12315（工商）。

八、本通告自 2015 年 11 月 1 日起实施。

附录 7　主要作物单位产量养分吸收量

作物	收获物	形成 100 千克经济产量所吸收的养分量（千克）		
		氮（N）	磷（P_2O_5）	钾（K_2O）
水稻	籽粒	2. 25	1. 1	2. 7
冬小麦	籽粒	3	1. 25	2. 5
春小麦	籽粒	3	1	2. 5
大麦	籽粒	2. 7	0. 9	2. 2
玉米	籽粒	2. 57	0. 86	2. 14
谷子	籽粒	2. 5	1. 25	1. 75
高粱	籽粒	2. 6	1. 3	1. 3
甘薯	鲜块根	0. 35	0. 18	0. 55
马铃薯	鲜块根	0. 5	0. 2	1. 06
大豆	豆粒	7. 2	1. 8	4
豌豆	豆粒	3. 09	0. 86	2. 86
花生	荚果	6. 8	1. 3	3. 8
棉花	籽棉	5	1. 8	4
油菜	菜籽	5. 8	2. 5	4. 3
芝麻	籽粒	8. 23	2. 07	4. 41
烟草	鲜叶	4. 1	0. 7	1. 1
大麻	纤维	8	2. 3	5
甜菜	块根	0. 4	0. 15	0. 6

（续表）

作物	收获物	形成100千克经济产量所吸收的养分量（千克）		
		氮（N）	磷（P_2O_5）	钾（K_2O）
甘蔗	茎	0.19	0.07	0.3
黄瓜	果实	0.4	0.35	0.55
架云豆	果实	0.81	0.23	0.68
茄子	果实	0.3	0.1	0.4
番茄	果实	0.45	0.5	0.5
胡萝卜	块根	0.31	0.1	0.5
萝卜	块根	0.6	0.31	0.5
卷心菜	叶球	0.41	0.05	0.38
洋葱	葱头	0.27	0.12	0.23
芹菜	全株	0.16	0.08	0.42
菠菜	全株	0.36	0.18	0.52
大葱	全株	0.3	0.12	0.4
柑橘（温州蜜橘）	果实	0.6	0.11	0.4
苹果（国光）	果实	0.3	0.08	0.32
梨（廿世纪）	果实	0.47	0.23	0.48
柿（富有）	果实	0.59	0.14	0.54
葡萄（玫瑰露）	果实	0.6	0.3	0.72
桃（白凤）	果实	0.48	0.2	0.76

附录 8　主要有机肥养分含量

代　码	名　称	风干基			鲜　基		
		N（%）	P（%）	K（%）	N（%）	P（%）	K（%）
A	粪尿类	4.689	0.802	3.011	0.605	0.175	0.411
A01	人粪尿	9.973	1.421	2.794	0.643	0.106	0.187
A02	人粪	6.357	1.239	1.482	1.159	0.261	0.304
A03	人尿	24.591	1.609	5.819	0.526	0.038	0.136
A04	猪粪	2.09	0.817	1.082	0.547	0.245	0.294
A05	猪尿	12.126	1.522	10.679	0.166	0.022	0.157
A06	猪粪尿	3.773	1.095	2.495	0.238	0.074	0.171
A07	马粪	1.347	0.434	1.247	0.437	0.134	0.381
A09	马粪尿	2.552	0.419	2.815	0.378	0.077	0.573
A10	牛粪	1.56	0.382	0.898	0.383	0.095	0.231
A11	牛尿	10.3	0.64	18.871	0.501	0.017	0.906
A12	牛粪尿	2.462	0.563	2.888	0.351	0.082	0.421
A19	羊粪	2.317	0.457	1.284	1.014	0.216	0.532
A22	兔粪	2.115	0.675	1.71	0.874	0.297	0.653
A24	鸡粪	2.137	0.879	1.525	1.032	0.413	0.717
A25	鸭粪	1.642	0.787	1.259	0.714	0.364	0.547
A26	鹅粪	1.599	0.609	1.651	0.536	0.215	0.517
A28	蚕沙	2.331	0.302	1.894	1.184	0.154	0.974

（续表）

代码	名称	风干基			鲜基		
		N（%）	P（%）	K（%）	N（%）	P（%）	K（%）
B	堆沤肥类	0.925	0.316	1.278	0.429	0.137	0.487
B01	堆肥	0.636	0.216	1.048	0.347	0.111	0.399
B02	沤肥	0.635	0.25	1.466	0.296	0.121	0.191
B04	凼肥	0.386	0.186	2.007	0.23	0.098	0.772
B05	猪圈粪	0.958	0.443	0.95	0.376	0.155	0.298
B06	马厩肥	1.07	0.321	1.163	0.454	0.137	0.505
B07	牛栏粪	1.299	0.325	1.82	0.5	0.131	0.72
B10	羊圈粪	1.262	0.27	1.333	0.782	0.154	0.74
B16	土粪	0.375	0.201	1.339	0.146	0.12	0.083
C	秸秆类	1.051	0.141	1.482	0.347	0.046	0.539
C01	水稻秸秆	0.826	0.119	1.708	0.302	0.044	0.663
C02	小麦秸秆	0.617	0.071	1.017	0.314	0.04	0.653
C03	大麦秸秆	0.509	0.076	1.268	0.157	0.038	0.546
C04	玉米秸秆	0.869	0.133	1.112	0.298	0.043	0.384
C06	大豆秸秆	1.633	0.17	1.056	0.577	0.063	0.368
C07	油菜秸秆	0.816	0.14	1.857	0.266	0.039	0.607
C08	花生秸秆	1.658	0.149	0.99	0.572	0.056	0.357
C12	马铃薯藤	2.403	0.247	3.581	0.31	0.032	0.461
C13	红薯藤	2.131	0.256	2.75	0.35	0.045	0.484
C14	烟草秆	1.295	0.151	1.656	0.368	0.038	0.453
C27	胡豆秆	2.215	0.204	1.466	0.482	0.051	0.303
C29	甘蔗茎叶	1.001	0.128	1.005	0.359	0.046	0.374
D	绿肥类	2.417	0.274	2.083	0.524	0.057	0.434
D01	紫云英	3.085	0.301	2.065	0.391	0.042	0.269

（续表）

代码	名称	风干基			鲜基		
		N（%）	P（%）	K（%）	N（%）	P（%）	K（%）
D02	苕子	3.047	0.289	2.141	0.632	0.061	0.438
D05	草木樨	1.375	0.144	1.134	0.26	0.036	0.44
D06	豌豆	2.47	0.241	1.719	0.614	0.059	0.428
D07	箭舌豌豆	1.846	0.187	1.285	0.652	0.07	0.478
D08	蚕豆	2.392	0.27	1.419	0.473	0.048	0.305
D09	萝卜菜	2.233	0.347	2.463	0.366	0.055	0.414
D17	紫穗槐	2.706	0.269	1.271	0.903	0.09	0.457
D18	三叶草	2.836	0.293	2.544	0.643	0.059	0.589
D22	满江红	2.901	0.359	2.287	0.233	0.029	0.175
D23	水花生	2.505	0.289	5.01	0.342	0.041	0.713
D25	水葫芦	2.301	0.43	3.862	0.214	0.037	0.365
D26	紫茎泽兰	1.541	0.248	2.316	0.39	0.063	0.581
D28	篙枝	2.522	0.315	3.042	0.644	0.094	0.809
D32	黄荆	2.558	0.301	1.686	0.878	0.099	0.576
D33	马桑	1.896	0.19	0.839	0.653	0.066	0.284
D45	山青	2.334	0.268	1.858			
D49	茅草	0.749	0.109	0.755	0.385	0.054	0.381
D52	松毛	0.924	0.094	0.448	0.407	0.042	0.195
E	杂肥类	0.761	0.54	3.737	0.253	0.433	2.427
E02	泥肥	0.239	0.247	1.62	0.183	0.102	1.53
E03	肥土	0.555	0.142	1.433	0.207	0.099	0.836
F	饼肥	0.428	0.519	0.828	2.946	0.459	0.677
F01	豆饼	6.684	0.44	1.186	4.838	0.521	1.338
F02	菜籽饼	5.25	0.799	1.042	5.195	0.853	1.116

（续表）

代码	名称	风干基			鲜基		
		N（%）	P（%）	K（%）	N（%）	P（%）	K（%）
F03	花生饼	6.915	0.547	0.962	4.123	0.367	0.801
F05	芝麻饼	5.079	0.731	0.564	4.969	1.043	0.778
F06	茶籽饼	2.926	0.488	1.216	1.225	0.2	0.845
F09	棉籽饼	4.293	0.541	0.76	5.514	0.967	1.243
F18	酒渣	2.867	0.33	0.35	0.714	0.09	0.104
F32	木薯渣	0.475	0.054	0.247	0.106	0.011	0.051
G	海肥类	2.513	0.579	1.528	1.178	0.332	0.399
H	农用废渣液	0.882	0.348	1.135	0.317	0.173	0.788
H01	城市垃圾	0.319	0.175	1.344	0.275	0.117	1.072
I	腐殖酸类	0.956	0.231	1.104	0.438	0.105	0.609
I01	褐煤	0.876	0.138	0.95	0.366	0.04	0.514
J	沼气发酵肥	6.231	1.167	4.455	0.283	0.113	0.136
J01	沼渣	12.924	1.828	9.886	0.109	0.019	0.088
J02	沼液	1.866	0.755	0.835	0.499	0.216	0.203

附 图

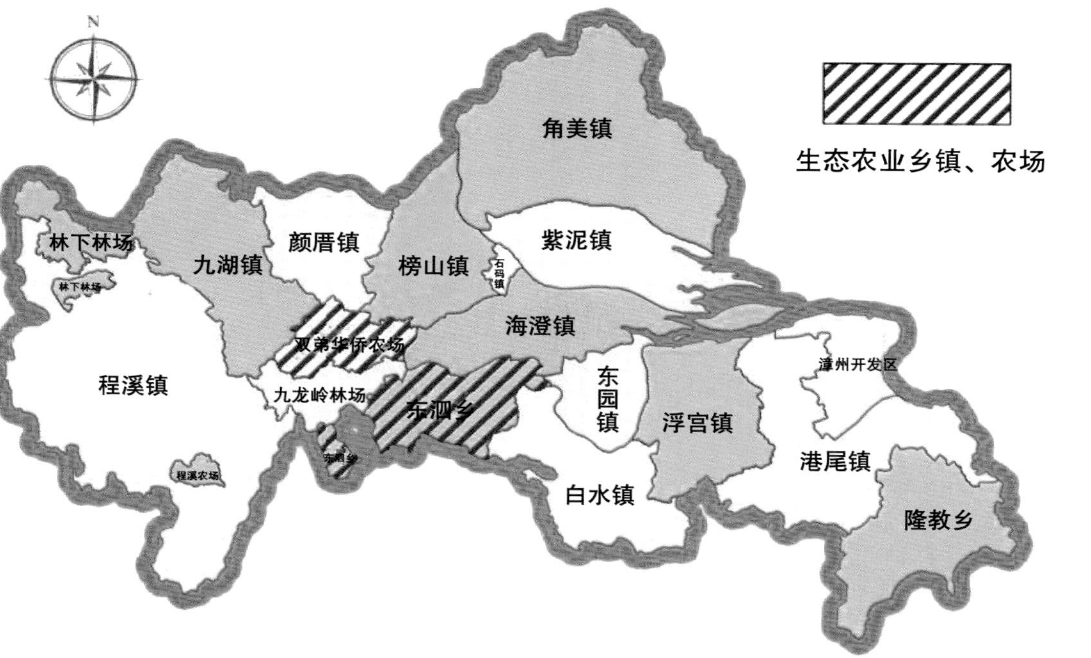

附图 1　龙海市生态农业乡镇与生态农场分布

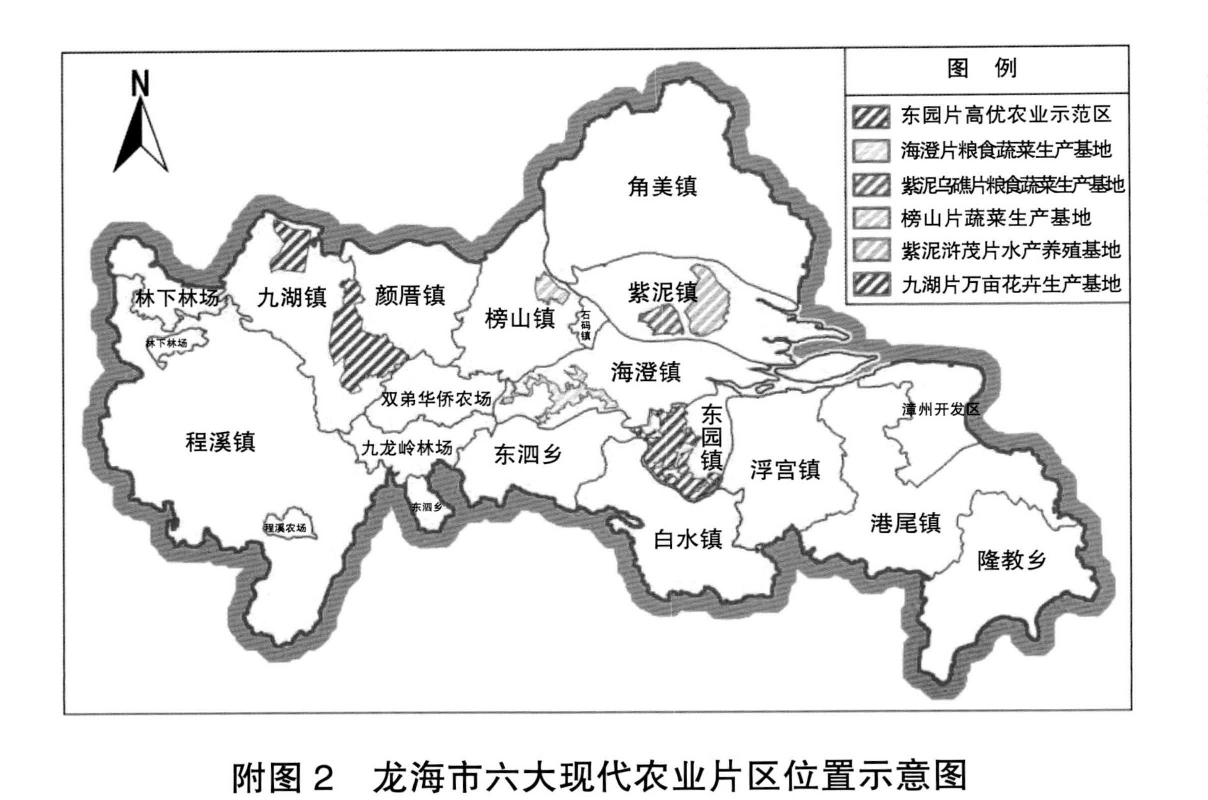

附图2　龙海市六大现代农业片区位置示意图

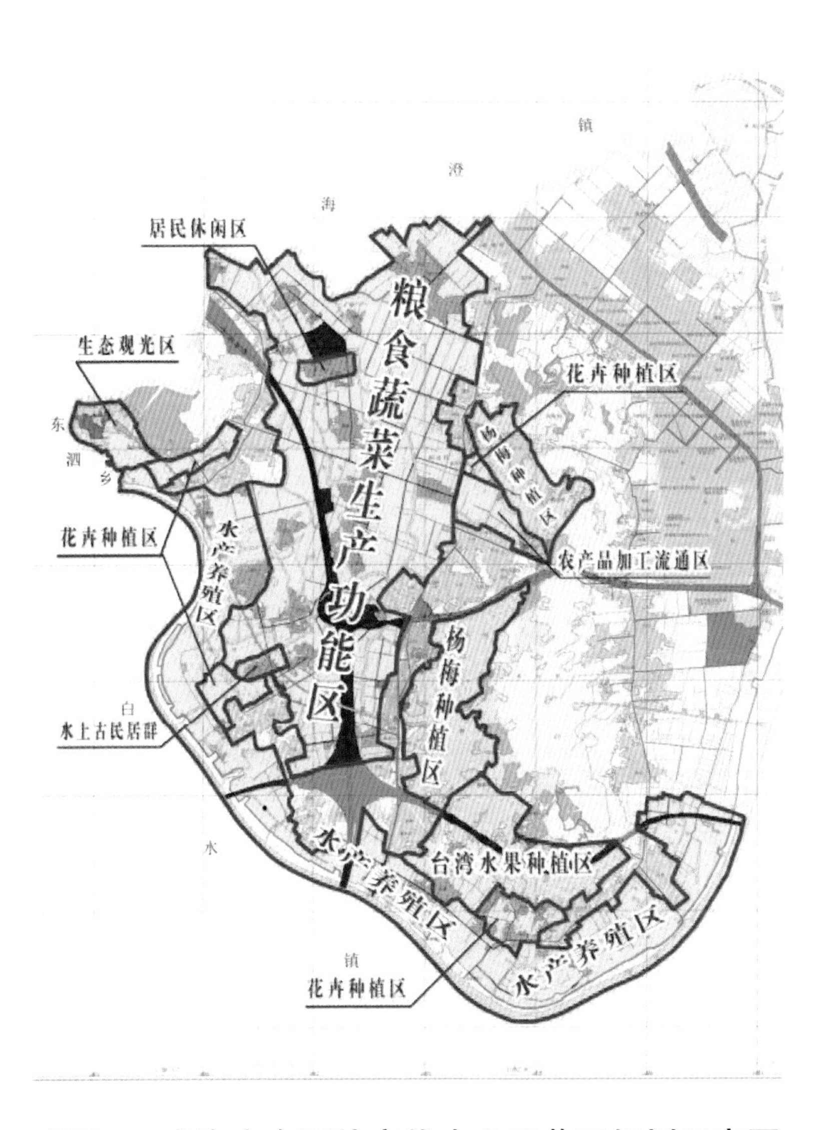

附图3　龙海市东园片高优农业示范区规划示意图

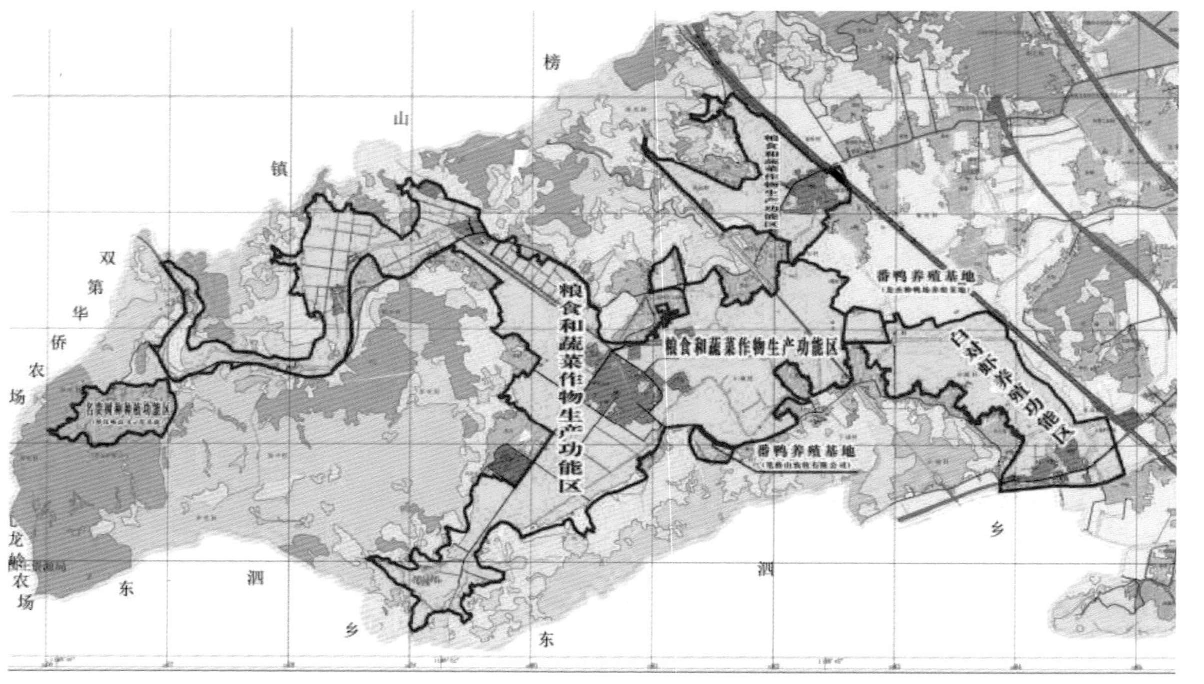

附图4　龙海市海澄片粮食蔬菜生产基地规划示意图

附图 5 龙海市紫泥乌礁片粮食蔬菜生产基地规划示意图

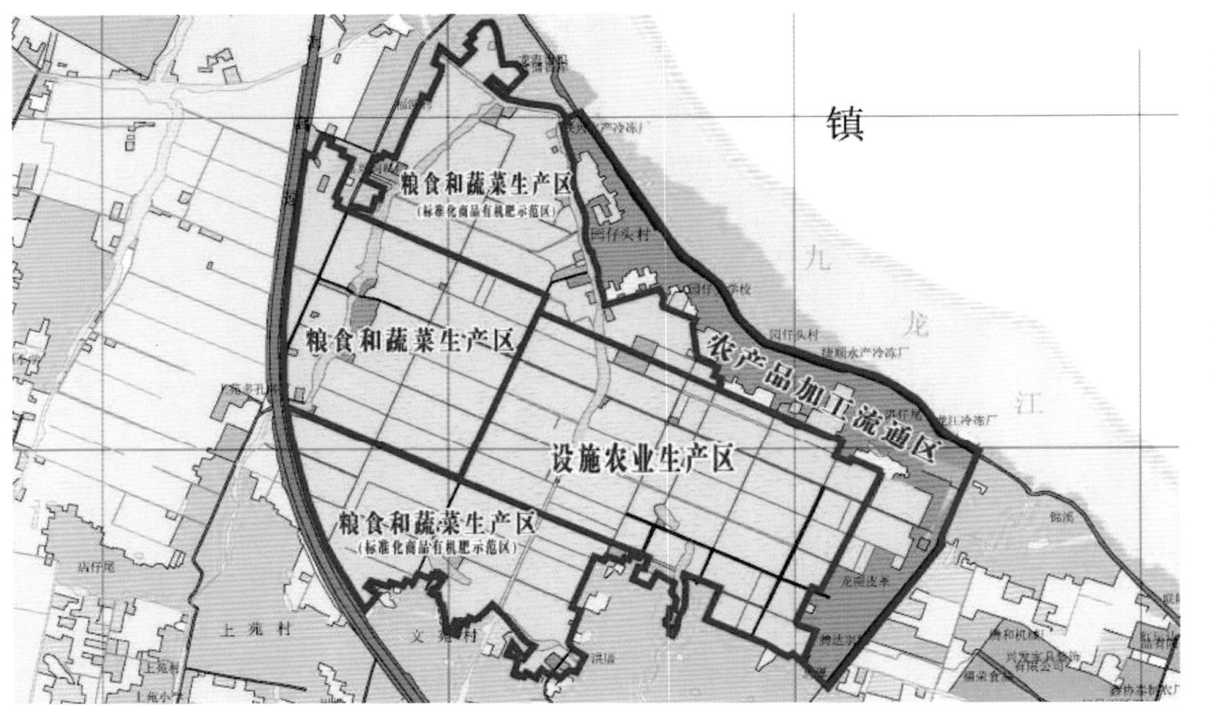

附图 6　龙海市榜山片蔬菜生产基地规划示意图

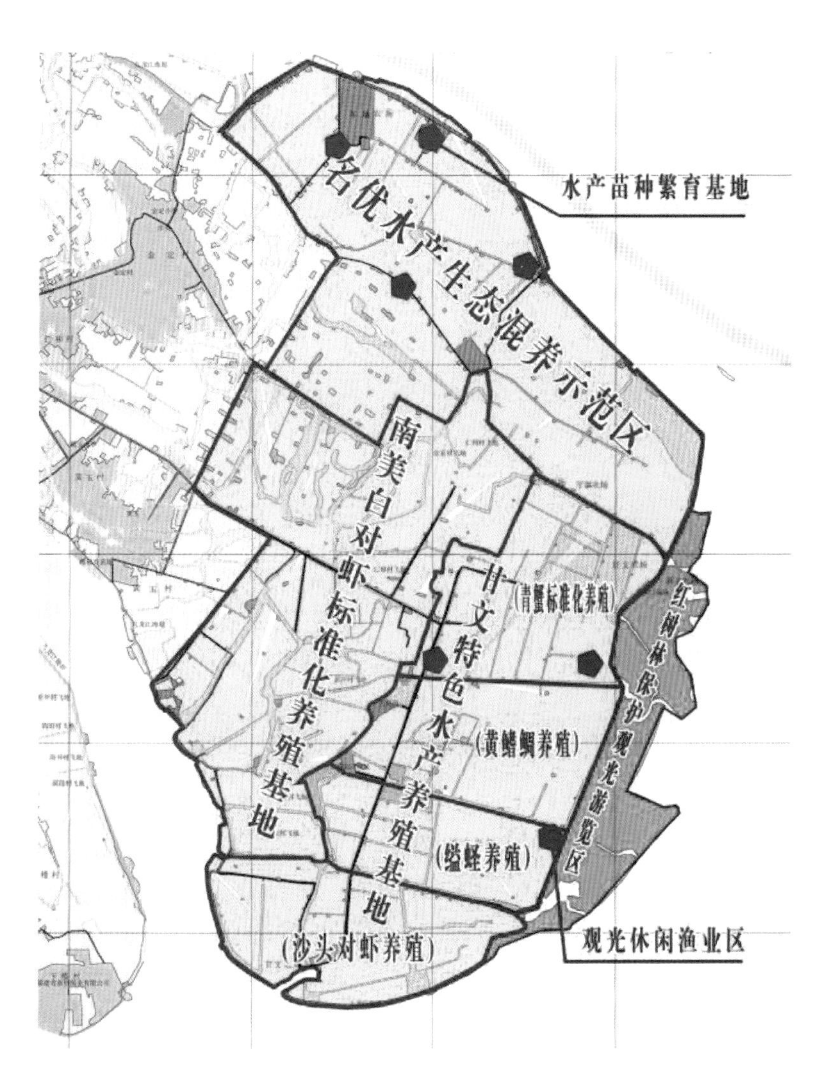

附图7　龙海市紫泥浒茂片水产养殖基地规划示意图

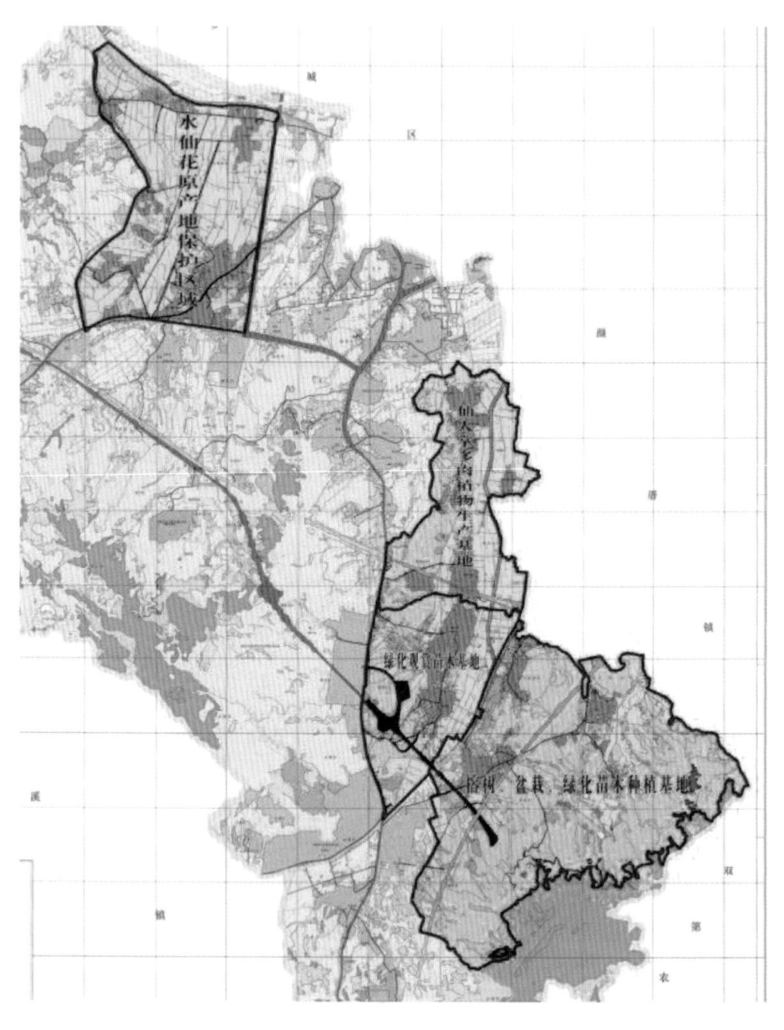

附图8　龙海市九湖片花卉生产基地规划示意图